新说四大名著系列丛

读水浒 析哲理

108将的现代生存启示录

在刀光剑影中
参透人性明暗

“招安结局”藏着
500年不变的博弈困局

看宋江的局
悟武松的勇
解林冲的忍
教你读懂中国式处世兵法

李文庠 钱同舟 高桂桢◎著

中国纺织出版社有限公司 | 国家一级出版社
全国百佳图书出版单位

内 容 提 要

《水浒传》里有惊心动魄的战争、有驾驭战争的奇谋、有个性鲜明的智谋人物。然而，本书一不详述“水浒”故事，这些故事早已尽人皆知；二不尽列“水浒”计谋，这些计谋也已脍炙人口。本书是借“水浒”的故事与人物，谈古论今，讲一讲人生哲理，品一品世间百味，让读者在对“水浒”人物浓厚的兴趣中，轻松读完本书，得到某些有益的启迪。

图书在版编目(CIP)数据

读水浒析哲理/李文庠，钱同舟，高桂桢著．—北京：中国纺织出版社，2009.7（2025.6 重印）
（新说四大名著系列丛书）
ISBN 978-7-5064-5642-5

Ⅰ. 读…　Ⅱ. ①李…②钱…③高…　Ⅲ. 人生哲学—通俗读物　Ⅳ. B821-49

中国版本图书馆 CIP 数据核字（2009）第 068709 号

策划编辑：黄　磊　　责任编辑：高振亚　　责任印制：陈　涛

中国纺织出版社出版发行
地址：北京东直门南大街 6 号　邮政编码：100027
邮购电话：010—64168110　传真：010—64168231
http：//www. c-textilep. com
E-mail：faxing @ c-textilep. com
三河市兴达印务有限公司印刷　各地新华书店经销
2009 年 7 月第 1 版　2025 年 6 月第 3 次印刷
开本：710×1000　1/16　印张：16.5
字数：185 千字　定价：59.80元

凡购本书，如有缺页、倒页、脱页，由本社图书营销中心调换

前言

foreword

《水浒传》是一部以描写古代农民起义为题材的长篇小说。它形象地描绘了北宋时期，山东梁山一带的农民起义从发生、发展直至失败的全过程，在思想内容和文学艺术上都具有重大的研究和借鉴价值。

由于受到说书话本传统的影响，《水浒传》的故事性很强，既妙趣横生，又掠人心魄。其中鲁达拳打镇关西、花和尚大闹野猪林、林冲风雨山神庙、吴用智取生辰纲、武松血溅鸳鸯楼、解珍解宝双越狱、孙立孙新大劫牢、宋江三打祝家庄、宋江大破连环马、呼延灼月夜赚关胜、宋江雪天擒索超、宋江攻打北京城、卢俊义活捉史文恭、入云龙斗法破高廉、燕青智扑擎天柱、梁山好汉两赢童贯及三破高俅，这些仗义英雄、绿林好汉们的传奇故事，千百年来广为流传。正是：说时杀气侵肌冷，讲处悲风透骨寒。

《水浒传》全书既是一个有机整体，一回一回地引出一百零八位英雄，展现了山寨水泊起义军从小到大的发展过程，其中许多故事又具有相对独立性，分别有重点地完成对一个个英雄的塑造，特别是对鲁智深、林冲、武松、宋江、李逵、吴用、阮小七、燕青、石秀等人的描写，这些人物及事迹更是影响着人们的心灵。《水浒传》不仅成功塑造了一个个人物形象，而且通过这些人物及他们鲜明的个性、做事的方法、处世的态度，引发出一些做人做事，尤其是人生的道理，本书称之为“领悟”。

我国古典四大名著从不同的角度给人以启迪，读“三国”，理解人生大智慧；读“红楼”，洞达处世长学问；读“水浒”，了解诸多处事方法；读“西游”，励志奋发。

古代评论家曾言：“不读《水浒传》，不知天下之奇！”而书中的奇谋，不但令读者拍案叫绝，更会给人以智慧的启迪。智取生辰纲的“瞒天过海”——思维奇；大破连环马的“运筹帷幄”——运筹奇；醉打蒋门神的“虚虚实实”——战术奇；三打祝家庄的“里应外合”——方法奇；大破童贯的“十面埋伏”，火并王伦的“攻心为上”，都是经久不衰的谋略和方法。丘吉尔在他的《世界危机》一书中指出：“一位伟大指挥官的素质构成，不仅需要大量的常识、思辨能力和想象力，而且还需要一些计谋，一些独创而阴险的计谋。这种计谋必能置敌人于迷惑与失败之中。”凡取得成功的创新者，无不具有这种被称之为“计谋”的东西，而在《水浒传》中，奇谋遍布。

奇谋后面必有方法，出奇谋要有思维的方法，实施奇谋要有行动的方法、组织的方法、管理的方法。一百零八位好汉凑在一起聚义本身就是一“奇”，要使这些来自天南海北、脱于官吏民商的各路人才团结在一起，要靠说服方法、激励方法、控制方法、管理方法。这一百零八位好汉武艺高强、性格各异，但仅靠武艺绝对难成大事，难拒官军，难除豪绅恶霸。“替天行道”只是一个理念，实现它要靠方法。

《水浒传》和《三国演义》一样，都有惊心动魄的战争，都有驾驭战争的奇谋，都有个性鲜明的智谋人物。《三国演义》中有神算长谋的诸葛亮，《水浒传》中有智多星吴用；《三国演义》中有忠厚仁义的刘备，《水浒传》中有大义大德的宋江。水泊梁山里将有一百单八，兵卒无数，“人和”是个大问题。然而宋江、吴用等人将山寨治理得井井有条，人心凝聚，此非大智大勇所不能为。

本书一不详述《水浒传》中的故事，这些故事早已尽人皆知，二不尽列《水浒传》里的计谋，单说计谋会使人感到枯燥乏味，笔者借《水浒传》中的故事与人物，与当代人的处世哲理联系起来，使读者在对“水浒”人物浓厚的兴趣中，轻松读完本书，得到某些有益的启迪。

读书的意义在于从多角度挖掘书中的宝藏。

本书由河南工业大学李文库、钱同舟、高桂桢撰写。

读一书者同，议一书者异，对于《水浒传》与人生，本书仅为一得之见，望仁者智者指正。

河南工业大学

李文库

二〇〇九年三月

目录

contents

又好又快，才是真正的“快”

——晁天王曾头市中箭

天王晁盖闻曾家扬言：“扫荡梁山清水泊，剿除晁盖上东京！生擒及时雨，活捉智多星！”心中忿怒，带领二十员头领、五千军马，下山攻打曾头市。第一仗，双方打了个平手，两边各折了些人马。

晁盖在寨内一连三日，每日搦战，曾头市不见一人露面。第四日，忽有两个和尚投奔到晁盖寨中，言称他们是曾头市东边法华寺里监寺僧人，曾家五虎常到寺院索要金银财帛，无所不为，他们已知道曾头市布兵安营的情况，特请梁山头领去劫寨。晁盖听后大喜，林冲谏道：“哥哥休听此言，其中恐怕有诈。”晁盖道：“兄弟休生疑心，误了大事……今晚我带一半人马去劫寨，你留一半人马在外接应。”

当晚，一干人等马摘鸾铃、军士衔枚，黑夜疾走，悄悄地跟了两个和尚到法华寺。待三更时分，由二僧指引，奔曾家寨而去，行不到五里多路，黑影处不见了两个僧人，前军不敢行动。看四边路杂难行，又不见有人家。梁山军士慌起来，呼延灼便叫急回归路。走不到百十步，只见四下金鼓齐鸣、喊声震天，一望都是火把。晁盖众将引军夺路而走，才转得两个弯，撞出一彪军马，当头乱箭射来，一箭正中晁盖脸上，倒撞下马来。梁山劫寨的军队大败，带去的人马，只剩下一半。晁盖中的是毒箭，不久便毒发而死。

晁盖之死的原因其实很简单，就是过于急躁，求速战速决，不够稳健。做事前既没有认真调查，也没有审慎思考一下战略战术、应急措施，又没有听取其他人的意见，以主观、轻率代替了周密的谋略。

梁山水军头领张横也因为急躁、冒进而吃过大亏。大刀关胜领兵攻打梁山时，张横急于争功，非要去劫关胜的大寨。张横劫寨纯属盲目，既无宋江将令，又不考虑后果。这寨不是什么人、什么时候都可以劫的。两三百人，人数也太少，即使劫寨成功，人家把船毁了，怎么能撤出去？虽然偷袭本身有风险，但也不是因为有风险就不能去做。诸葛亮偷袭一向成功，原因就在于诸葛亮把风险与稳健结合起来。只有思考充分，才能赢得风险中的胜利。关胜有一万多人马严阵以待，梁山水军以二三百人出阵，也不找准时机，不是拿着鸡蛋往石头上碰吗？看来，急躁、盲动绝非智者所为，必然会碰钉子。

晁盖、张横的性格急躁，想快速取胜，早日建功，求“快”是一般人的普遍心理，谁不想发展得快一些，成功来得早一些呢？但是求快必须在求好的基础上。如果一位工人为了求快，做成了10个工件，其中却有5个废品，这“快”又有什么用？

庄稼生长有规律。什么时候播种，什么时候施肥，什么时候收割，都要看节气。古代一位愚人偏要违反规律，拔苗助长，最后求“快”不成，反而把禾苗都弄死了。

自然界的生态平衡有规律。地球上的生态维持平衡，地球就是人类生活的良好环境；破坏了生态平衡，滥砍森林，滥捕动物，过量地向自然界索取资源，自然界就会无情地报复人类。求“快”不能以牺牲生态平衡和子孙后代的利益为代价。

学习知识也有规律。要打好基础，坚持循序渐进。初学文法的人首先应当学会单字怎样变化，然后再学怎样把两个单字结合在一起，最后才能进到单句与复合句，一直进到连续的文章。一位画家并不是一开始就叫他的学生去画人像，只教他怎样握笔，怎样画线条，怎样调颜料，然后再教他试画轮廓，这样一直做下去。没学会走先学跑是不成的，不但跑不快，跑不好，而且要摔跟头。

“兵贵神速”，此言并非总是对的。“神速”是为什么，是为了成功，而不是为了失败；是为了求好，而不是出废品。“大胆往前走”常常会造成战略失误。一种产品再好，如果出现在顾客尚不需要的时间，它的价值也约等于零。

1983年，日本体育器械企业“戈比公司”研究制造了一种新产品——数字显示体力消耗的运动型自行车。这是一个好东西，有益于人们科学地强身健体，理应受到消费者的青睐，但是在试销过程中，却极少有人问津，门庭冷落。此又何故？原来这东西虽好，但当时体育运动在日本人生活中的地位较低，还没有形成大量的需求，“戈比公司”的步伐太快了，步子迈得太远了。

“兵贵神速”也好，“欲速则不达”也罢，最初的目的都是相同的：把事情做好做成功。“戈比公司”接受了求快失误的教训，果断退出了市场，伺机待动。5年以后，日本的经济实力大增，日本人的生活水平明显提高，开始出现全国普遍性的“体育健身热”。这时候时机才到，“戈比公司”顺势将5年前的“新”产品推向市场，一举成为畅销品。

有些企业，因为有一定的经济、技术实力，为了在市场竞争中处于绝对优势地位，一心要做市场的领跑者。比别人跑得快有一定的好处，但也有一些弊端。快得多了，就有可能成为滚地雷者，当市场先烈的危险。

产品上市要讲究时机，上市以后要讲究速度，即新产品的推动步调要与目标市场消费水平的提高步调协调一致，要与消费者的接受程度协调一致。企业推出自己的新兴产品，不能过早追求销量。首先需要做的工作是选好“种子”、选好“土壤”，配好“养分”，然后落实“培植”办法，这些都做好了，才能开展下一步骤工作。一味求快无异于拔苗助长。

人人都希望成长，孩子们希望长大，小企业想发展成为大企业，大企业想继续壮大，于是出现了两个问题：一是怎样才能发展壮大，二是怎样可持续性的发展壮大。

壮大有两种方法：一种方法是靠日日积累，年年积累，代代积累，像大海的形成一样，虽慢却稳，一步一个脚印；另一种方法是虚假的壮大，泡沫式的繁荣，泡沫虽大，却瞬间即逝。孩子们爱吹肥皂泡玩，肥皂泡又大又好看，只是太容易破灭。安徒生有一个著名的童话《渔夫和金鱼的故事》中，那渔夫富得太快，又不是凭劳动积累，最后还是回到了原点。虚假的壮大来得急，也去得快。

1997 年的东南亚金融危机说明了一个问题，拔苗助长就会使经济走入死胡同。无度的大借大贷，经济的过热，生产规模的盲目扩张，必然造成许多虚假的泡沫。暴食不但不健身，反而伤身。

当今的中国商人，大都希望把生意做大。但有些人寄希望于某位“点子大师”，希望一个“点子”能救活一个企业；寄希望于某位“筹划大师”，希望两句广告妙语就能把“白开水”卖出去。这些现象，反映出一种心态：浮躁。

商场上，一夜富翁出现得不少，暴涨容易，暴跌也不难，来得快也去得快。来之容易，不会珍惜；暴发横财，则懒得耐心地搞合法经营；投机一两次得手，便不愿再搞稳定的产业，认为这些产业见效慢，周期长，太费力。然而，一次股票暴跌，他就可能变得一文不名，一无所有。在股票、期货和赌场，这种如“山溪水易涨也易退”的例子数不胜数。真正稳定的富翁，在完成原始积累以后，他就会做稳定的产业投资，成为一位体面的富翁，富得稳稳当当。

又好又快是稳健的做法。清朝同治时期，中亚的浩罕汗国侵占了我国的新疆。光绪二年（1876 年），清将左宗棠远征新疆。新疆地处边陲，路途遥远，瀚海无边，用水奇缺。左宗棠以稳健的策略，步步为营。他把七万大军分为若干批，每批行前，另有一些人先把粮食用骆驼运到预定地点，兵马未到，粮草先行。左宗棠还让每个士兵带上十几斤生地瓜，以解紧要关头的饥渴，清军终于克服了极大的困难，行军五十多天，走出大沙漠，越过天山，直捣乌鲁木齐，收复了新疆。左宗棠若性急求快，恐怕走了一半就会断粮退军，若让士兵轻装前进，走得虽快但无法走得更远。

又好又快，是科学的发展，是统筹兼顾的发展，是符合客观规律的发展，是量力而行的发展，是有度的发展，是稳健的发展，又好又快，才是真“快”。

形象乃公关之本

——宋公明有惊无险

宋江在被逼上梁山之前，屡屡受难，时常危及生命，而又屡屡化险为夷，原因只有一个，只要说出自己是宋江，即会通行无阻。“宋江”二字成了金字招牌，享誉江湖。

宋江路过清风山，被山上燕顺等好汉抓住。燕顺吩咐喽罗们动手取下宋江心肝，好做醒酒酸辣汤。一个喽罗手持明晃晃的剜心尖刀，正待动手，宋江叹道：“可惜宋江死在这里！”燕顺亲耳听得“宋江”二字，忙喝住喽罗不要动手，起身问道：“汉子，你认得宋江？”宋江答道：“我就是宋江。”燕顺听罢“宋江”二字，吃了一惊，忙夺过喽罗手中尖刀，将麻索割断，放开宋江，又把自身披的枣红丝袄脱下来披在宋江身上，抱宋江到中间虎皮交椅上，唤起另外两位头领郑天寿、王英，三人纳头便拜，宋江问不杀之缘由，燕顺道：“仁兄礼贤下士，结纳豪杰，名闻寰海，谁不钦佩！”

又一次，宋江被两名解差押往江州，途经揭阳岭酒店，被店主李立用蒙汗药麻倒，准备劫财杀人。正巧李俊上酒店来，问起李立生意如何，李立说今天捉了三个人。李俊听完李立的描述，觉得被抓之人可能是宋江，而两人都不认得宋江，于是翻开解差的公文来看，一看才知被解之人正是宋江。李俊、李立急忙调了解药，把宋江救醒，然后向宋江纳头便拜。只因为解差公文上有“宋江”二字，使得宋江再次化险为夷。

戴宗、李逵本不认识宋江，一听到“宋江”二字，即刻便拜，结为至交。李逵是何等刚强之人，怎肯轻易拜人。与宋江相见时，李逵道：“若真个是宋公明，我便下拜；若是闲人，我却拜甚鸟！”宋江便道：“我正是山东黑宋江。”李逵拍手叫道：“我那爷，你何不早说些个，也教铁牛欢喜。”扑翻身躯便拜。

石勇在酒店与燕顺争吵时曾言：“天下只让得两个人，其余的都拿来做脚底的泥。”“老爷只除了这两个，便是大宋皇帝，也不怕他。”石勇最佩服的两个人，其中一位是柴进，另一位正是宋江。

燕顺、李立、李俊、戴宗、李逵、石勇等人原本并不认识宋江，但是都知道宋江的名字，可见宋江的知名度之高，仅仅有知名度还不行，知名，还要是美名才行。“宋江”两字简直成了宋江本人的护身符，成了逢凶化吉之物。宋江的美名威扬江湖，正是因为宋江疏财仗义、济困扶危的形象深入人心。宋江的形象，一传十，十传百，江湖上尽人皆知。

水泊梁山的周围漫布着不下十余支农民武装，占据着十余处山头。朱武等头领占据少华山，李忠等人在桃花山，鲁智深、杨志、武松等人在二龙山，孔明、孔亮在白虎山，燕顺等人在清风山，吕方在对影山举义旗，欧鹏在黄门山起义，还有裴宣的饮马川义军，樊瑞的芒砀山义军，鲍旭的枯树山义军，邹渊叔侄的登云山义军。这些义军先后投奔水泊梁山，“宛子城中藏虎豹，蓼儿洼内聚蛟龙。”

众多支义军离开自己的山寨投奔梁山泊，主要是为了联合，人多力量大，可以共同抵御官府的进攻。为什么不在其他山头聚义，而选定梁山泊呢？一是因为梁山泊有八百里水泊，中间是险山，山排巨浪，水接遥天，难攻易守，地域广阔；二是因为梁山泊晁盖、宋江德高义重，尊重人才，爱惜人才，在绿林中享有崇高的威望，正所谓形象感召。

一个人有良好的形象可以在各种关系中左右逢源，在顺利时有人响应，在困难时有人相助，一旦有了失误也能得到人们的谅解。良好形象像一块磁铁，能够对周围人产生吸引力。

良好的形象是一种无形的财富。所谓无形，即摸不着，看不见，但却与人生、事业息息相关。

有人这么说过，如果可口可乐公司遍及全世界的工厂一夜之内被大火烧光，那么，第二天的头条新闻将是：各国银行巨头争先恐后地向可口可乐公司贷款。这是因为人们相信可口可乐“世界第一饮料”的地位，红色背景前非常简单的八个英文字母：CoCa - Cola 的标志，已经深入人心，被全世界所接纳。人们一旦口渴，他们想要寻找的饮料中一定有可口可乐。这就是商品信誉，这就是企业的形象。

有人问一位著名企业家：“在利润和形象之间，你将选择什么?”他毫不犹豫地回答：“选择形象，选择信誉。”因为形象产生被人信任的力量，利润只是形象所带来的结果。当你失去良好形象的时候，利润是不会单独存在的。获得良好的形象，对经营者来说，是一种至高无上的光荣。企业形象是软黄金，所以，有的企业步步为营、一点一滴、辛辛苦苦地构筑良好的企业形象，创出名牌，保住名牌，以集聚更多财富。

做好公关，与其吃吃喝喝、吹吹拍拍、虚张声势、哗众取宠，倒不如踏踏实实地塑造好个人形象，形象乃公关之宝。有良好的形象可以在各种公共关系中左右逢源。形象好，再加上公关活动，可锦上添花；形象不好，公关宣传则可能大帮倒忙。公关的手段、策略有许多，但是，良好的形象是策中之策。离开了形象去搞公关，则成了无源之水，无本之木。

国家有国家的形象，民族有民族的形象，企业有企业的形象，个人有个人的形象。一个企业靠形象赢得公众的好感，一个人靠形象交友、处事、自立。得人心者得天下，得人心者得市场，得人心者得事业。好的形象才能得人心，得朋友。人，无论有多么深刻的内涵，有多么独特的特征，都可以通过言、行、举、止、形、姿被他人感受和识别。

行为体现人的形象。俗话说，种瓜得瓜，种豆得豆；善有善报，恶有恶报。“宋江”这两个字成为一副金字招牌，是与宋江的行为分不开的。宋江平生好结识江湖好汉，若有人投奔他，无论身份地位高低，没有他不接纳的，留在庄上，终日陪伴，毫无厌倦。人家若要离去时，宋江尽力资助。别人向他求助钱物，从不推托，而且多行善举，经常为他人排忧解难。贫苦人家有丧事，或者生病，宋江也常散施棺材药物。晁盖、吴用智取生辰纲事发，宋江探得消息，冒着生命危险去给晁盖等人送信，救了晁盖等7人。塑造形象必须有付出。

行为的产生与动机紧密联系。心灵是行为的主宰，行为是心灵的表现。崇高的行为产生美好的形象。例如，夏明翰、张志新为追求真理而宁死不屈；辛弃疾、文天祥热爱祖国，憎恨敌人；包拯、海瑞执法如山，正大光明；安珂、周怡见义勇为，专门利人；方志敏、李大钊威武不能屈，富贵不能淫；华罗庚甘为人梯等。他们的行为或壮烈、或慷慨、或刚毅、或默默无闻，以高尚的行为树立了光辉的形象。卑劣的行为产生丑陋的形象，懒惰、贪婪、蛮横、自私、嫉妒、卖国求荣、狡诈、虚伪等，以丑行制造了令人厌恶的形象。

如果你是一位领导者，应把自己放在大家之中，坦诚待人，成为大家的朋友，而不是当大家的“监工”，这样你必然展示出亲切的形象；如果你是一位厂长，你的一言一行则代表着企业的形象；如果你是一位员工，维护企业的良好形象就是你的义务。从一滴水中可以看出大海，从一个人的行为可以透视其所在企业的形象，切莫以为一个人的所作所为微不足道。

有人以为刻意在化妆、服饰、礼节、身姿、谈吐等方面下工夫，形象必定就好，其实不尽然。例如谈吐，言谈的内容源于心灵，言为心声。美好的形象必然是“秀外慧中”。“秀外”指外部形象美；“慧中”指知识、智慧、修养、品德。一个人美好的形象应当是真、善、美的结合。如果只重表而不重里，形象就成了“绣花枕头草包肚”、“金玉其外，败絮其中”，反而被人嘲笑。《红楼梦》中的王熙凤，外观形象很美，身材、容貌都可以称得上是位美人。她“身量苗条”、“体格风骚”、“恍若神仙妃子”。可她为人却是“嘴甜心恶，两面三刀”、“明是一盆火，暗是一把刀”。所以，在大多数人的眼里，王熙凤的形象是丑陋的。

自污是一种隐匿

——宋江自污避风险

宋江刺配江州，一日在浔阳楼吃酒。独自一人，倚阑畅饮，不觉沉醉。猛然蓦上心来，想到自己“三旬以上，名又不成，功又不就，倒被文了双颊，配来到这里。与老父兄弟，如何相见！”不觉酒涌上来，潸然泪下，临风触目，感恨伤怀。忽然做了一首《西江月》词，乘着酒兴，磨得墨浓，蘸得笔饱，在那白粉壁上，挥毫便写道：自幼曾攻经史，长成亦有权谋。恰如猛虎卧荒邱，潜伏爪牙忍受。不幸刺文双颊，那堪配在江州！他年若得报雠，血染浔阳江口！宋江。

江州对岸有个去处，唤做无为军。城中有个在闲通判黄文炳。这人是个阿谀谄佞之徒，心地狭窄、嫉贤妒能，胜如己者害之，不如己者弄之，专在乡里害人。一日到浔阳楼闲玩，看到宋江题《西江月》词并所吟四句诗，大惊道：“这不是反诗！谁写在此?”黄文炳从落款得知，写诗人是郓城人宋江，是个犯罪的配军，又向酒保打听到宋江的样貌举止。

黄文炳见邀功的机会到了，立即报于知府蔡九。蔡九急令戴宗下牢城营里捉拿宋江。戴宗听罢，暗自叫苦，先把众节级牢子稳住，自己作起神行法，速与宋江报信。宋江听罢，只叫得苦道：“我今番必是死也！”戴宗道：“如今小弟不敢耽搁，回去便和人来捉你。你可披乱头发，把尿屎泼在地上，就倒在里面，诈作风魔。我和众人来时，你便口里胡言乱语，只做失心风便好。我自去替你回复知府。”

戴宗慌忙别了宋江，回到城里，唤了众人，一直奔入牢城营里来。只见宋江披散头发，倒在尿屎坑里滚。见了戴宗和做公的人来，便说道：“你们是甚么鸟人?”戴宗假意大喝一声：“捉拿之厮!”宋江白着眼，却乱打将来，口里乱道：“我是玉皇大帝的女婿，丈人教我领十万天兵，来杀他江州人。阎罗大王做先锋，五道将军做合后。与我一颗金印，重八百余斤。杀你这般鸟人!”众做公的道：“原来是个疯子，我们拿他去何用?”

自污是一种隐匿，往自己头上泼脏水，以使自己不落入险境或脱离险境。战国时的孙膑，《水浒传》中在江州写反诗的宋江，为了免遭杀身之祸，都曾搞自污的诈术，装疯卖痴、胡言乱语，以自污保全了自己的生命，同时保住了自己的大能耐。孙膑后来大破魏军于马陵道，宋江后来在梁山泊当了“一把手”，皆有“自污”的经历在前。

孙膑、宋江是在危难时自污，自污出现更多的情况是人处于显赫的位置时。俗话说：出墙的椽子先烂，人怕出名猪怕壮。人的显赫有时会使自己成为众矢之的。因此，在没有必要张扬时，还是隐匿一些的好。

战国末期，秦国大将王翦奉命出征。出发前，他向秦王请求赐给良田房屋。秦王说：“将军放心出征，何必担心?”王翦说：“做大王的将军，有功最终也得不到封侯，所以趁大王赏赐临别酒饭之际，我也斗胆请求赐给我田园，作为子孙后代的家业。”秦王大笑，答应了王翦的请求。王翦到了潼关，又派使者回朝请求良田，秦王爽快地应允。手下心腹劝告王翦专心征敌，王翦支开左右，坦诚相告：“我并非贪婪之人。只因秦王多疑，现在他把全国的军队交给我一人指挥，心中必有不安，所以我多求赏赐田产，名为子孙计，实为安秦王之心，这样他就不会疑我造反了。”王翦靠自污去掉了秦王的疑心，保全了自己的“大用”，最终得胜回朝。

“自古美人如名将，不教人间见白头。”韩信率兵打仗最拿手，带兵百战百胜，可仗打完了，汉朝成立了，还拥兵自重，最终被杀。

郭子仪就深懂自污之道。郭子仪平定了安史之乱，保住了李唐江山，居功至伟。他官做得极大，威望极高，这是人臣之大忌，郭子仪居然安安稳稳活到85岁，这在中国历史上少有。曾经有人告郭子仪谋反，皇帝心里也最担心这事，就下诏要他从前线回来述职。郭子仪不管在哪里，一接到通知立马就动身，“朝闻命，夕引道”，不带兵卒，不换衣服不洗澡，皇上一看，这哪像谋反的样子啊？郭子仪七八十岁的时候，不但求田问舍府库珍货山积，身边还姬妾成群倚红偎翠，其实这是他的政治道具，是为了向皇上和外人表明自己没有政治野心。

汉初，黥布谋反，汉高祖御驾亲征。此间派人数次打听留守在京的萧何的情况，回报说：“相国正鼓励百姓拿出家产辅助军队征战呢。”此时，有个门客对萧何说：“您不久就会被灭族了！您身居高位，功劳第一，进入关中后一直得到百姓拥护，如今已有十多年了，皇上几次派人问及您的原因，是害怕您受到关中百姓的拥戴而对他造成威胁。现您何不多买田地、少抚恤百姓，来自损名声呢？皇上必定会因此而心安。”

萧何认为有理，依计行事。汉高祖得胜回朝，有百姓拦路控诉相国。高祖不但没有生气，反而高兴异常，也没有对萧何进行任何处分。

聪明的下属总会想方设法掩饰自己的实力，以假装的愚笨来反衬领导的高明，以此获得领导的青睐与赏识。

聪明人常常故意在明显的地方留一点儿瑕疵，让人一眼就看见他“连这么简单的都搞错了”。这样一来，尽管你出人头地，别人也不会对你敬而远之，一旦他发现“原来你也有错”的时候，反而会缩短与你之间的距离。

有时不妨装装“熊”，同事们会觉得你并不怎么特别，认同了你的小缺点，就等于在感情上容纳了你，把你同他自己看成是一样的，在这种情况下，你成为众矢之的的可能性就大大减少了。有时不妨装装愚，别人对你往往不会防范，而且可能对你抱有一种同情，你办不成事时也会获得原谅。东吴的鲁肃装出一副“愚”相，一直维系着孙刘联盟，双方都接纳他、信任他、谅解他。

保存你的能量是一种藏巧，你可以示弱、自污、不露锋芒。在大多数情况下，才不可露尽，力不可使尽。即若有智识，也应适当保留，这样，你能得到加倍的完善，并且永远保存应变的能力。

一把钥匙开一把锁

——宋江说服呼延灼

在人际交往中，如果你发现在说服对方时，对方对某一事情已有了固定的看法或做法，对你所谈事情本身又非常敏感或反感，就事论事已难以突破僵局，直截了当、一针见血、直抒胸臆也不会取得好效果，特别是被说服者具有强烈反抗心理的情况下，那就要换换方法了。且看宋江如何说服呼延灼入伙。

宋江大破了连环马，又协助二龙山、桃花山、白虎山三山打青州，吴用设计生擒了双鞭呼延灼。

宋江很想说服呼延灼入伙，但说服他的难度极大。这呼延灼乃将门之后，为宋初名将呼延赞嫡派子孙，岂肯背叛朝廷？倘若他声称只有砍头将军，没有投降将军，宁死不屈，怎么办呢？宋江为了说服呼延灼入伙，必须解决呼延灼心中最紧要的一个问题，即占梁山聚义算不算背叛朝廷的问题。这个问题不解决，说一万句好话也没有用。说服不是压服，硬压更不行，像呼延灼那样久经沙场的好汉绝非贪生惧死之辈。

宋江回到寨里坐，左右群刀手把呼延灼推将过来。宋江见了，连忙起身，喝叫："快解了绳索！"亲自扶呼延灼上帐坐定，宋江拜见。宋江这一举止完全是下一步说服的铺设，一则缓和双方连日交战的敌对情绪，让呼延灼松弛下来，给他留下面子，以便交谈沟通；二则不以胜者自居，显示山寨的义气以及对英雄好汉的敬重。

果然，呼延灼道："何故如此？"呼延灼这一开口，宋江就有了说服的引子。宋江开门见山，一开始就引出正题，告诉呼延灼大家为什么占山聚义。宋江道："小可宋江怎敢背负朝廷？盖为官吏污滥，威逼得紧，误犯大罪。因此权借水泊里随时避难，只待朝廷赦罪招安。不想起动将军，致劳神力。实慕将军虎威，今者误有冒犯，切乞恕罪。"宋江这一番话，击中了要害。呼延灼听了必定寻思，原来宋江一帮弟兄并不反天子，只因奸臣所害，避祸聚义，而且一直找机会接受招安。这一番话使呼延灼与梁山好汉的心理距离一下子拉近了。二者的关系，并非我是官你是寇，而是大家都有一个共同的目标——尽忠朝廷。

呼延灼还有点不明白，问道："被擒之人，万死尚轻，义士何故重礼陪话？"此时宋江在呼延灼心目中，已由寇首转为义士。宋江进一步表示友好，道："量宋江怎敢坏得将军性命？皇天可表寸心。"呼延灼又问道："兄长尊意，莫非教呼延灼往东京告请招安，到山上赦罪？"此时，呼延灼已改称宋江为兄长。呼延灼此一问，正中宋江下怀，宋江趁机又说出一番道理："将军如何去得？高太尉那厮是个心地偏窄之徒，忘人大恩，记人小过。将军折了许多军马钱粮，他如何不见你罪责？"言外之意，你老弟犯了天大之祸，你还回得去吗？回东京必受大难，非死即被关押。你如今已走投无路，就是再想报国无门可报，你好自为之吧。宋江接着给呼延灼指出一条唯一可行之路："如今韩滔、彭玘、凌振已多在敝山入伙，倘蒙将军不弃山寨微贱，宋江情愿让位与将军。等朝廷见用，受了招安，那时尽忠报国，未为晚矣。"

宋江把呼延灼所有出路都已堵死，只留一线，呼延灼焉能不往。呼延灼沉思了半晌，一者与宋江意气相投；二者见宋江礼貌甚恭，语言有理，叹了一口气，终于同意在梁山入伙。不管当时呼延灼内心是多么不情愿，还是被宋江说服了。从此，梁山又增添了一员猛将。

宋江对呼延灼的说服，花了不少心思。宋江的礼貌待人，谦虚恭让，制造友好的气氛，击中要害，设身处地地为呼延灼着想，层层深入地帮他剖析，这些都是有效说服的方法。

说服有几条原则：

第一，态度要诚恳，设身处地为被说服人着想，消除被说服人最大的顾忌，打破纳言人不切实际的幻想。

凡说服人者，总希望自己的意见被对方接受，于是在进言的方式、用语上下工夫。有的人用了千言万语，却不能击中要害；有的人仅寥寥数语，却能打动人心。宋江说服呼延灼就采取了设身处地为他着想的谈话方式和谈话内容，使呼延灼不反感，易接受说服。

人都喜欢听真话，听肺腑之言，真诚的话才是最感人的，也最容易打动人的心。

第二，堵住所有的路，又留可以行走的一线，让被说服者心服口服。

凡被说服者一般认为我可以有好几条路走，并非你说服的这一条路。如果他自己认为此乃“自古华山一条路”，又何需别人枉费口舌呢？说服者不妨把所有的路都摆出来，逐条分析，让被说服者自己做出此路不通只有彼路的结论。

当年陈胜、吴广等九百民夫被派守边防，在大泽乡遇雨不得行走，大雨连下不停，肯定不能如期到达边防了。陈胜想揭竿起义，但起义是个危险的事，怎样说服大家甘愿冒险呢？陈胜给民夫们摆出了三条路。一条是，我们这帮人紧赶慢赶就是到了目的地，按照秦朝的法律，延期到达目的地要被处死，去了也是死，那还有必要去吗？第二条是，退一步说，官府饶过我们了，让我们在边防打仗，打仗是个危险事，今日不死，明日也可能战死，还是个“死”。第三条路，揭竿造反，虽有危险，也可能战死，但也可能生存，与其去边关白白送死，不如起义求一条生路。陈胜这一番分析使大家感到，除起义之外，无其他生路可走，干脆横下心来一拼，起义还真成功了。

亲友犯了罪，说服他报案自首是每个公民的责任，与其长篇大论地说教，不如帮其分析处境及其利弊，藏不是办法，躲得了初一，还能躲得了十五？再说天天东藏西躲那种罪也不好受。逃也不是办法，天网恢恢，疏而不漏，再说每日如惊弓之鸟，心理上已无自由可言，唯有自首伏法，才是唯一出路，虽可能被判刑，但总有刑满之日，而且好好改造，还可以减刑，提前恢复自由，重新开始新的生活。说服犯罪的亲友伏法，最重要的一点是去掉其侥幸心理，让他自己最后得出自首是唯一生路的结论。

第三，说服要围绕对方的需求来展开。

说服有它的适用范围。如果一位销售人员说服别人来买他的产品，但是顾客并不需要这种产品，那么怎么说服也没有用。所以，说服要围绕对方的需求来展开。

北京有一家拥有3000辆汽车的汽车租赁公司，公司开办之初，创办人几乎身无分文，但他凭着非凡的说服能力，竟然让上海汽车公司先赊给他几百辆桑塔纳轿车投入营运，然后用回收的钱付汽车款，即所谓的“借鸡下蛋，以蛋还钱”。人家凭什么给你“鸡”呢？他先让对方相信北京的汽车租赁市场前景看好，然后建议对方，在买方市场已经形成的情况下，要实施新的经营策略，即卖方信贷，并指出这在西方国家已是广泛流行的事情。上海汽车公司由于市场竞争加剧，面临销售困难，并通过对北京市场的调查确认了其市场前景，接受了这笔赊账生意。

“千金易得，一将难求”，优秀员工的跳槽时常困扰着企业的领导。当优秀员工递上他的辞呈时，领导必须带着紧迫感即刻做出反应，放下手头的工作，立即坐下来与该员工交谈，不仅要了解他辞职的确切原因，还要了解员工看中了另一家公司的哪些方面，是环境更好、待遇更优厚、工作节奏的快慢差异，还是对事业看法发生了根本改变。一般而言，员工会因为两个并存的原因而辞职，一个是向外的“推力”，即在本企业长期不顺心；另一个是来自另一家企业的“拉力”，即站在这山望着那山高。一个成功的挽留方案，应当是坦诚地听取意见，是误会的解释清楚，是实际情况的坦诚承认，通过缓和在本企业的矛盾，突出与那家公司的不同之处，最后让员工认识到他的需求和愿望只有继续留在本公司才能得到逐步满足，而他对别家公司的种种好看法则有些不切实际。

第四，留给被说服者体面。

如果在公众场合说服别人，要注意给人留面子，否则会影响说服力。被说服者可能为了维护自己的权威、尊严而拒绝说服。所以，说服可以采用先送“玉帛”，再动“干戈”的办法。

唐太宗得到一只好鸟，爱不释手。一天，他正玩得高兴，远远地看见魏征来了，赶紧把鸟藏在了怀里。魏征看在眼里，忧在心上，祸患常积于忽微，智勇多困于所溺，怎么办呢？皇上能够把鸟藏起来，说明他已经初步认识到自己的错误，此时如果硬逼着皇上把鸟拿出来，再给皇上讲一番玩物丧志的大道理，折了皇上的面子，结果可能适得其反。可是如果不给皇上一个警戒，他以后说不定还会如此。聪明的魏征对皇上玩鸟之事假装不知，他佯称有大事要向皇上禀报，在禀报的过程中他故意拖延时间，结果鸟在太宗的怀里闷死了。响鼓不用重槌击，唐太宗不会不明白魏征的良苦用心。

给人留足面子，通过暗示让他去自我反省，这种说服方法，有时会起到此时无声胜有声的效果。

第五，讲究一些说服技巧。

例如，借古论今，旁敲侧击。前人的经验和教训往往最具说服力，因为它们是经实践所证明了的。

例如，迂回委婉，同中求异。对比说服，以黑衬白。这些技巧，针对不同的情况，通常都能起到各自不同的作用。

说服是我们经常遇到的，我们常常需要说服下属和子女改掉缺点、说服别人与你合作、说服领导采纳你的建议、说服用人单位接收你、说服老板给你加薪、说服打算跳槽的优秀员工留下来、说服朋友帮你办事、说服朋友消除烦恼和怒气、说服消费者买你的商品。当今社会你若要获得成功，你必须学会说服，甚至成为说服的高手。一把钥匙开一把锁。因此，你必须不断地改变说服的方式，因人而异、因事而异、因境而异。学会说服，你将无往而不利。

陷阱是为毫无防人之心的人准备的

——宋江雪夜擒索超

宋江攻打北京城，北京城守将索超迎敌，吴用先使了诈败之计。索超出城冲突，吴用吩咐迎敌觑战，梁山军队斗不几个回合，乘虚便退。索超得了这一阵，自然欢喜入城，并不把宋江的梁山兵马看在眼里，以为此等劣兵，不堪一击。

后来一天晚上，乌云密布，天下起了大雪。吴用心生一计，暗派兵士去北京城外，靠山边河路狭处，掘成陷坑，上面用土覆盖。当夜雪急风严，索超在城上望见宋江军马各有惧色，便点了三百军马杀出城来。宋江军马四处逃散奔波而走。梁山水军头领李俊、张顺勒马横枪，前来迎敌。说是迎敌，实则诱敌深入，把索超引向陷阱。李俊、张顺与索超刚一交阵便弃枪而走。索超绰号急先锋，是个性急的人，毫无戒备，往前追下去。直到一边是路，一边是涧，快到陷阱处，李俊弃了马，跳入涧中去了，边跳边喊："宋公明哥哥快走!"索超听了，更加着急，恨不得立即抓住宋江，飞马抢过阵来。忽听山背后一声炮响，索超连人带马落入陷阱，纵有三头六臂也逃脱不得，只得束手被擒。

《水浒传》中还有一处陷阱落人的精彩描述。呼延灼攻打梁山时，被宋江大破了连环马，后来青州知府收容了呼延灼，命他平定三山。当时三山正与梁山联合攻打青州。一日，呼延灼听军校来报："城北门外土坡上，有三骑私自看城，正是宋江、吴用、花荣三人。”呼延灼闻讯连忙披挂上马，带领100骑兵，悄悄开了北门，放下吊桥引军赶上坡来。宋江、吴用、花荣三人只装不知，慢慢地走。呼延灼奋力赶到前面几株枯树边，看见宋江等人竟齐齐地勒住马。呼延灼仍不知有诈，往前急赶。只听得一声呐喊，呼延灼正踏着陷坑，人马都跌进坑里去了。两边走出五六十个挠钩手，把呼延灼钩住绑缚。

设陷阱是兵战中常用的做法，兵不厌诈，许多勇猛之将都因为急于建功，毫无设防，钻进了对方设下的圈套。凡入陷阱者，无论情况如何不同，却都有一个共同点，那就是头脑不清醒：或是被胜利冲昏了头脑，或是被近利迷住了心智，或是毫无防人之心。

这世界是复杂的，人群中多为善良者，但也有奸诈之徒。近年来，许多城市街头都发生过市民被骗之事。骗子设下陷阱，欺骗善良的人们。陷阱之多，令人咋舌。

“扔包”法：骗子看到目标时，将包丢在被骗人前方，诱使其上当，然后实施诈骗。“以次充好”法与“扔包”法类似，骗子以假首饰、假文物、假邮票、假高科技产品冒充真的高价出售，多为数人结伙设局诈骗。

旧外币诈骗法：骗子利用面值较小的外币或无使用价值的外币（多为已不流通的秘鲁或津巴布韦旧币）作案。他们以急需用钱为由，拿外币低价换人民币，或用小额外币调包，骗取事主的大额钱币。

“神药治病”法：作案人一般是二人以上，自称“医生”，在医院、市场、超市或人较多的地方物色中老年人或病患者下手行骗。手法采用“唱双簧”的形式，佯称有珍贵药材进行诈骗。

“大师治病”法：行骗者自称大师，利用受害者迷信的思想行骗。

“骗手机”法：骗子以谈生意为名，约事主到酒楼、歌厅等公众场所，或在这些场所物色对象，骗得事主信任后，称自己的手机刚巧没电、又急于回复电话，向事主借手机,然后借口场所内声音太嘈杂,边打边往外走,一去不回。

“中奖短信”法：骗子向手机用户发送手机号码中奖等虚假信息，并以邮寄费、代缴个人所得税为由，骗取手机用户钱财。

“告急电话”法：骗子掌握事主家的电话号码后，假冒医务人员打电话给事主家属，以事主出车祸、突发重病住院急需用钱等为由，要求家属往指定储蓄卡里汇钱。

“高薪招聘”法：骗子利用打工者求职心切的心理，设置种种诈骗陷阱，利用路边张贴高薪招聘广告来吸引事主，骗取报名费和押金。

“调包”法：骗子以买东西为名，到店铺中看货，当主人不注意时，用假货和真品调包。

“迷醉”法：骗子以做生意为名，将合作者骗出来并利用药物将其致昏，然后进行偷盗、洗劫财物。

骗子所设陷阱何其多也。但是,上当受骗者多为爱贪小便宜、求财心切者,或是警惕性差的中老年人及文化程度较低的妇女,还有刚进城不久的农民,他们缺乏科学文化知识,缺少城市生活的经验,容易受骗。避免上述那些街头陷阱最好的办法就是不要贪小便宜,大便宜更不能贪。天上不会掉“馅饼”,贪图小便宜只会身受其害。如果人们坦坦荡荡、一身正气,设陷阱的骗子也就失去了可乘之机,人世间也就少了很多本不该发生的悲剧。

对方设陷阱，有了防人之心便可识破它。诸葛亮攻魏，司马懿就是不出战。诸葛亮差人送给司马懿一套妇人服装，意在羞辱司马懿：你不是个男人，要不然怎么像个女人一样缩手缩脚，不敢出战呢？司马懿一旦被激怒，就入了诸葛亮设下的陷阱之中。司马懿知诸葛亮之计，依然谢收了衣服，重赏了使者，然而仍不出战。

防人陷阱的诀窍其实很简单：不贪心、不轻信、不冒进，多问为什么，切忌交浅言深，防人之心不可无，信任须有度。

失败是成功的萌芽

——宋江三打祝家庄

祝家庄与梁山为敌，宋江要打祝家庄。

一打祝家庄失败了。宋江在不知庄内虚实的情况下，贸然进攻。结果军马进了庄却出不来，来的旧路被阻塞了，前面都是盘陀路，转来转去又转回来了。宋江教军马望火把亮处有房屋人家寻路出去，又发现苦竹签、铁蒺藜，遍地撒满，鹿角都塞了路口。多亏了石秀已探了路，大队人马这才脱险出庄。

一打祝家庄以后，宋江吃亏长智。他带着厚礼去李家庄拜访李应，李家庄管家杜兴向宋江介绍了祝家庄的地理情况、虚实事情。杜兴认为只宜白天进兵去攻打，黑夜不可进去。

宋江二打祝家庄虽然是在白天，但祝家庄兵强马壮，一丈青捉了王矮虎，教师栾廷玉打伤了欧鹏，绊马索拖翻捉了秦明、邓飞。若不是林冲活捉了一丈青扈三娘，梁山就要被折尽锐气。

两次攻打祝家庄失败后，宋江、吴用认真总结了经验教训，针对祝家庄硬攻不可取的特点，采取了两条措施，一是拆散了祝、李、扈三庄联盟，让祝家庄孤立无援；二是遣孙立等新入伙的几个弟兄，凭借孙立与栾廷玉的旧交，以入庄助战的名义，作为梁山的内应，里应外合，终于攻克了坚如磐石的祝家庄。

有人说，失败是成功之母，这话不错。宋江没有前两次的失败，就不会有三打祝家庄的成功。也有人说，成功是失败之母，李自成成功了，骄傲自满了，很快就一败涂地，这话也不算错。这些都说明了成败互变的规律。

“失败是成功之母”，这句话告诉人们世界上没有轻而易得的成功，没有不去战胜困难的成功。“失败是成功之母”，这句话鼓励人们向命运挑战。但是，失败并不一定是成功之母。不是说一失败了，成功就会自然来临。如果不接受失败的教训，不知变通之策，不吃亏生智，就可能一败再败，总是与成功无缘。

革命事业不可能是一帆风顺的，总是在一次一次的失败下，前赴后继，才获得最后的胜利。以“流血的星期日”揭开序幕的俄国1905年革命那天，一千多名请愿的工人被沙皇的军警杀害。1905年革命虽然失败了，但它在俄国革命史上具有重大的意义，正如列宁所说：“没有1905年的总演习，就不可能有1917年十月革命的胜利。”在中国，戊戌变法虽然失败了，但它提倡资产阶级新学，追求西方先进政治制度，传播西方社会政治学说，启发了民族意识，促进了中国人民的觉醒，也促进了辛亥革命的到来。自1840年的鸦片战争开始，中国人民进行了长达一个世纪的英勇斗争。在漫漫长夜中，经过了一次一次的失败，一个一个的挫折，一次一次的浴血奋战，中国人民才建立起新中国。

科学研究不可能是一帆风顺的，认识事物的规律和本质要有一个过程，这个过程包括失败和失败后的思索。爱迪生发明电灯，一连试验几个月，经过千百次失败，才获得成功。诺贝尔发明炸药，在实验室里做实验时，突然一声巨响，实验室发生了爆炸，化为平地，炸死了他的弟弟和四个助手，诺贝尔也成了血人。法拉第发现电磁感应定律，十年磨一剑，经历了数不清的失败。失败了，才好总结经验，才好变通，才会一步步地接近成功。

在当今竞争日益激烈的社会里，特别是在创新的征途中，充满着成功与失败。尽管人们都希冀成功，避免失败，但往往事难遂愿。比起成功，失败的价值可能更大。大发明家爱迪生曾侃侃而谈："失败也是我需要的，它和成功一样对我们有价值。"一般人在成功之后，喜欢保持成功的态势并扩大成功，于是沿着原方向、原路继续干下去，结果因为事业顺利而很少花时间去思索成功中的奥妙，因此，许多深层次的经验挖掘不出来，许多表面化的经验左右着认识，使思维变得肤浅。失败则不然，失败会硬逼着你反省、思索，从而调动你的全部潜能，使思维迸出创造的火花，使肤浅的认识升华，并增强自身对骄傲自满的免疫力和抵抗力。

一位工程师打算开采石油，但天公不作美，在头一仗上就碰到了许多坚硬的岩石，磨坏了好多的钻头。然而工程师并没有懊丧，他改变了初衷，专门研制了一种能够钻透坚硬岩石的特殊钻头。结果，在钻头上发了大财。

一位推销员，好不容易谈成一笔大生意。然而，老天爷似乎专门跟他过不去似的，在签字的当口，自来水笔漏水弄污了合同而导致这笔交易失败。可是，他由此受到启发，为什么不可以去研制不漏水的自来水笔？果然，他后来研制出号称"天下第一笔"的"派克"金笔，开辟了滚滚财源。

大多数人的失败，并不是因为他们缺乏智慧、能力和机遇。他们的失败在于他们不会变通一下思路。

失败并不意味着你必须放弃，它表明你还要继续努力。

失败并不意味着你比别人差，它可能表明你走的这条路不通，不妨换条路走走。

失败并不意味着你不可能成功，它只是表明你要改变一下方法！每个问题都有无限的机会，这正如一扇门虽然关上了，你还可以打开另一扇门。每一次失败的来临，都蕴藏着新的机遇。

没有失败，就没有成功。成功者都曾经是失败者。

毛泽东说："错误常常是正确的先导。"

美国教育家菲力普斯说："失败是一种教训，它是情况好转的第一步。""失败是达到较佳境界的第一步。"

美国哲学家杜威说："失败是一种教育，知道什么是思索的人，不管他是成功或失败，都能学到很多东西。"

美国学者查宁说："失败是前进中不可缺少的训练课程。"

美国作家迈尔斯更是一语中的："我们从失败中学到的东西要比从成功中学到的东西多得多。我们往往是通过失败发现哪些不该做而懂得哪些应该做的，从不犯错误的人也许永远不会有过发现。"

这就是伟人、哲人、名人们对失败价值的认识。失败往往是黎明前的黑暗，继而出现的是成功的朝霞。

失败是成功的萌芽。失败是镜子，展现真伪，帮人自省，促人奋进。失败是警钟，令人幡然悔悟，回首自省。失败是警示牌，告诫人们此路不通，须另辟蹊径。失败是苦酒，苦中有甜，激励新生。失败是成功的助产士，让人生转折，失败孕育着成功。

成功的经验是财富，失败的教训也是财富。成功者的事业并非一帆风顺，在前进途中有失败的痛苦，也有失败的遗憾，更有失意的沮丧。但是，失败是成功之母。在失败与失误中总结经验，接受教训，并引以为戒，不但能够转败为胜，而且能激发人生智慧，使人增见识、长本事。

失败必须经过一个过程才有可能变成成功，"失败是成功之母"这句话是有条件的，这个条件就是对失败反思。如果对失败无动于衷，那么失败毫无价值；如果对失败恐惧，那么失败就是退堂鼓、腐蚀剂；如果对失败反思，与失败搏击，那么失败就是财富，是进军号和磨砺石。

失败并不可怕，可怕的是思想麻木，如果你正确看待失败并做出相应的努力，那么成功将随之而来。

渗透的力量可以“滴水穿石”

——宋江攻打大名府

宋江久攻北京大名府不下，只得退兵回寨。吴用总结了以往攻城的经验教训，决定改变硬攻的办法，利用元宵节北京城大张灯火之机，先派人于城中埋伏，外面驱兵大进，里应外合。

吴用派解珍、解宝扮作猎户去北京城内官员府里，献纳野味；调杜迁、宋万，扮作粜米客人，推车去城中宿歇；调孔明、孔亮扮作仆者，去北京城内闹市里房檐下宿歇；派鲁智深、武松扮作行脚僧人，去北京城外庵院埋伏；调邹渊、邹润扮作卖灯客人，直去北京城中寻客店住下；调刘唐、扬雄扮作公差，直去北京州衙前宿歇；调公孙胜扮作云游道士，让凌振扮作道童，去北京城内守待；再调王英、孙新、张青、扈三娘、顾大嫂、孙二娘扮作三对村里夫妻，入城观灯；又调柴进、乐和扮作军官入城，派张顺、燕青从水门里入城，派时迁潜入火烧翠云楼。

吴用此番安排胜似强攻，无声无息地将许多梁山好汉渗透到北京大名府中，各自占据有利位置埋伏下来。正月十五日夜晚，城中众位好汉观灯的观灯、埋伏的埋伏；城外的八路梁山大军也在东、南、西、北四座城门数里外待命。二更时分，时迁在翠云楼上放火为号，城内城外梁山好汉一齐动手，里应外合。官军顾东顾不了西，顾外顾不了内，被梁山众将领带军杀得大败。梁山好汉们打开大名府库房粮仓，将粮米赈济市民，将金银宝物装车运走，凯旋而回。

在此之前，梁山好汉曾两次攻打北京城，虽然打了两个胜仗，收了关胜、索超两员大将，但是并未攻下城池，也没能救出关押在大名府狱中的卢俊义、石秀。倘若仍用大军压境，兵临城下的强攻，可能还会重蹈旧辙。使用人员渗透的办法，在对手毫无警觉的情况下，遍及全城要害位置，以便里应外合。

渗，是一种“柔”，所谓“滴水穿石”就是“渗”的作用，以柔克刚。渗透的客观影响力，似春风润雨，虽细而无声，却强大而持久。

有刚无柔易折，有柔无刚易散，刚柔结合，才能既有原则性，又有灵活性。任何一个单位的一切事物都由人来决定，并且最终靠人去完成。所以，管理需要有章有制的硬性约束，也需要企业文化的柔性感染。

环境对人的成长既可能产生积极的影响，又可能产生消极的影响。《三字经》中有一句“昔孟母，择邻处”，说的是孟子的母亲重视优良环境对孩子成长潜移默化的影响。

孟子本人也强调环境渗透影响的重要作用。他以教齐语为例，一位齐语老师教孩童学齐语，同时有许多楚人打扰他们，纵使每天鞭打孩童，逼迫他们说齐语，也是学不成的。如果带孩童在临淄的闹市里住上几年，纵使每天鞭打他们，逼迫其讲楚语，也是办不到的。

孔子的三千弟子为什么能涌现出七十二位贤人，那是学风的熏陶渗透；少林寺为什么出武林高手，河北吴桥为什么出杂技人才，广东梅县为什么出足球人才，蒙古族人为什么善骑，维吾尔族人为什么善舞，京剧中的梅派、谭派为什么几代人都是名角，环境的渗透感染作用是不可忽视的原因。

南北朝时的颜之推，写了《颜氏家训》20篇。他在《慕贤》篇中说：

“与善人居，如入芝兰之室，久而自芳也；与恶人居，如入鲍鱼之肆，久而自臭也。”这“久而自”三个字，即是渗透的作用，如春风化雨，点点滴滴皆被收去，量增加到一定程度，量变就转化为质变。

环境气候的潜移默化作用有三个方面的内容：

一是心理感应的渗透效应。群体心理气氛能对群体成员产生极大的影响。健康、活跃、积极的群体心理气氛渗透，将使其成员心情舒畅、情绪高昂、斗志旺盛，工作效率高；反之，会使其成员心情压抑、情绪低沉、毫无斗志，工作上不是效率低，就是差错多。

二是作风感应的渗透效应。作风，指道德作风、工作作风、生活作风。唐初贞观盛世，国家有良好的风尚，到处都是君子之风，所以社会安定和谐，人民安居乐业，路不拾遗、夜不闭户。

三是学术感应的渗透效应。一个潜心研究蔚然成风的群体，其成员必定有积极的上进心、强烈的竞争意识和创新的冲动。

企业占领市场时，如果竞争对手太强大，或是自己对市场情况的发展趋势不明了，此时采取大张旗鼓广告开路、长驱直入的办法，收效不见得好。不妨学学梁山好汉对大名府的渗透，若不动声色地渗透市场，倒可能以柔克刚。

里应外合，伏兵制胜，此乃渗透市场一策。日本龟甲万酱油株式会社为了打进自己还很不熟悉的美国市场，先采取与美国企业合营，用代销的方式，取得了进入美国市场的突破口。通过这一渗透渠道，会社深入美国国内，了解美国人的习惯爱好，学习美国的先进经验。然后在国内进行相应的研制开发，生产适应美国市场的新产品。5 年后，该会社在美国设立的生产点和销售点一个接一个地建立起来，市场迅速扩大。为了扩大市场，采取瞄准对手的薄弱环节处渗透，打进其中，内线埋伏，从中开花，则事半功倍。

绕开壁垒，潜入市场，此乃渗透市场二策。从战略眼光来看，打入国际市场大有其利可图。但是国际贸易比国内贸易复杂，障碍多，限制也很大。改变形式，施之以灵活多变的战术，可以绕开壁垒。例如，有些国家限制整机进入市场，可以化整为零，以提供关键部件或以零部件进口后组装的方式，打入市场。梁山泊好汉潜入大名府就是化整为零之术。

步步为营，蚕食进逼，此乃渗透市场三策。美国可口可乐打入中国市场时，采取了蹑手蹑脚、不露声色、投石问路、稳扎稳打的策略。一开始，可口可乐以完全境外生产的易拉罐产品，“寄售”于中国涉外饭店、旅游点，且只收外币。20 世纪 80 年代初期，可口可乐向中方无偿赠送一套自动化瓶装生产线，在北京投产，产品供应北京市场，此后，人们逐渐认识了可口可乐。

水银泻地，无孔不入，此乃渗透市场四策。

培育市场，感情投资，此乃渗透市场五策。

教育更需渗透，讲究潜移默化。夏天的瓢泼大雨，来得急去得快，地里存不住多少水，雨水都流走了。春雨虽微，润物细无声，却把雨水留在了土地里，教育者应学习春雨，注重随时随地与细微教育。

德国的善良教育就是渗透式教育。

其一，爱护动物。在孩子刚刚学会走路时，许多家庭就特意为孩子喂养了小动物，让孩子在照料小动物的过程中，学会体贴入微地照顾弱小的生命。幼儿园、小学和中学除了有养护小动物的活动，还普遍开展有关“善待生命”的讨论或作文比赛，虐待小动物的同学会受到批评或训导，因为这是比学习成绩滑坡更为重要的“品德问题”。德国人普遍认为，小时候以虐待动物为乐的孩子，长大了往往更具暴力倾向。

其二，同情弱者。如果孩子粗暴地将上门乞食的流浪者赶走，全家人会特意为此召开家庭会议。大人们耐心地启发孩子，让孩子明白同情弱者是美好心灵的体现。如果孩子在自己的生日晚会上邀请流浪者来家做客，大人们则非常支持。

其三，远离暴力。德国人不赞成玩具商开发高科技“暴力玩具”，不支持孩子与玩具枪炮、坦克为伴。德国的专家们找到了越来越多的证据证实，一个人小时候如果经常用玩具“模拟杀人”，长大后很难成为善良人士。对于影视节目中频频出现的暴力镜头，老师和家长都会引导孩子以批判的眼光来审视。

人类几千年来极力防范，尽量避免让孩子们看到的行为，如今全让电视给曝光了。媒体暴力无孔不入，视听产品的暴力伤害防不胜防。孩子们因年纪小不能“自卫”，这时学校、家庭的潜移默化的善良教育尤为重要。

如果我们的品德教育仅仅限于说教，而没有从小培养爱心的渗透程序，我们就难以让那些说教在孩子们心中起到作用。

一物降一物

——宋公明大破辽阵

宋江被招安不久，辽国兴兵十万之众，侵占中原。宋江奉诏破辽，四战四捷，攻克蓟州、檀州、霸州、幽州。辽国统军兀颜又起二十万军马，倾国而来，要与宋江决一死战。辽国番军摆出太乙混天象阵，宋江阵上朱武识得辽国之阵，但认为此阵变化无穷、机关莫测，不可造次攻打，吴用也不知辽阵内虚实。

宋江等人正商议间，兀颜传令阵中“太白金星大将”乌利可安，率“亢金龙”张起、“牛金牛”薛雄、“娄金狗”阿里义、“鬼金羊”王景四将攻宋江大阵。中是“金星”，四下是“四宿”，五队军马，卷杀过来，势如山倒，力不可当。宋江军马措手不及，大败退兵回寨。次日，宋江五路兵马攻辽阵，攻不进去，大败而归。又过了几日，宋江十路军马攻阵，还是攻不进去。宋江只得传令，教军将紧守山口寨栅，深掘壕堑，牢栽鹿角，坚闭不出。

且说宋江无计可施，寝食俱废，梦寐不安。有一日，神思困倦，和衣隐几而卧。梦中恍惚遇见玄女娘娘。玄女娘娘告诉宋江，此混天象阵，只此攻打，永不可能破阵。若欲要破，须取相生相克之理。辽阵皂旗军马内设水星，按上界北方五气辰星，你可选大将七员，黄旗黄甲，黄衣黄马，撞破辽兵皂旗七门。续后命猛将一员，身披黄袍，直取水星，此乃土克水之义也。选将八员，以白袍军马，打透他左边青旗军阵，此乃金克木之义也。选将八员，以红袍军马，打透他右边白旗军阵，此乃火克金之义也。选将八员，以战旗军马，打透他后军红旗军阵，此乃水克火之义也。命一支青旗军马，选将九员，直取中央黄旗军阵主将，此乃木克土之义也。

宋江醒来立即做了准备用相生相克之理，以土克水，以水克火，以火克金，以金克木，以木克土，破了辽阵混天象阵，大获全胜。

宋江的破阵成功，提出了一个问题，为什么兵还是那些兵，将还是那些将，屡攻不克的兵阵，换了一种相生相克的方法，就会一举打破而成功。这就如俗话所言：一物降一物。打仗也好，做事也好，盲动蛮干不行，总需理清脉络，以最相克的办法去解决。小说《林海雪原》里描绘了剿匪的战斗故事，林海雪原，顽匪无踪。若派大部队剿匪，犹如拳头击跳蚤，劳而无功。小分队精干快捷，聚集着侦察、攀登、战斗的精兵强将，小分队才是顽匪的“天敌”、“克星”。果然，小分队奇袭奶头山，智取威虎山，连战连捷。宋江破辽阵，小分队克顽匪，都应了“一物降一物”的谚语。

用一种策略或方法久攻不克，就要分析这种策略、方法是不是“对症”，若不对症，再干下去也是枉费功夫。宋江一打祝家庄失利，二打祝家庄失利，就不再硬打了，想新的办法，结果三打祝家庄就成功了。孙悟空斗红孩儿，四次转变战术，才转败为胜。孙悟空无底洞斗女妖，三进无底洞，最后了解到女妖的身世，才找到了克敌要害的方法。要害有两种，一种是敌方的最强之处，攻克了最强之处，无疑等于抽去了其主心骨，其他问题还不是“树倒猢狲散”，此克敌方法为“擒贼先擒王”。另一种是敌方的最弱之处，攻克了最弱之处，就打开了顽石，此克敌之方法为“庖丁解牛”。无论是“擒贼擒王”还是“庖丁解牛”，都是抓主要矛盾。

正因为一物降一物，所以人要尽其用。每个人都有最适合于自己做的工作。老鼠最怕猫，狗虽比猫厉害，但狗不会捉鼠，所以老鼠并不怕狗。宋江大破连环马一节，连环马这么厉害，但钩镰枪可破，宋江手下良将不少，但谁也不会使钩镰枪，非请金枪手徐宁不可。若请徐宁，必得以盗宝甲诱之，梁山好汉个个武艺不凡，但论盗甲，谁也不及时迁，所以，不论是谁，各有各的强项，各派各的用场。

正因为一物降一物，所以克难须扬长避短。汉代袁康曰："有高世之才，必有负俗之累。"对人才不能求全责备的道理就在于此。因为有高山必有深谷，有月盈必有月亏，连太阳之中还有黑子。而且人之长短，仅是比较而言，世无绝对之长，也无绝对之短。另外，事之所需，各重一面，无须全才，用人择其长者即可。扬长避短，才能发挥人才的最佳价值；扬短弃长，则会使其丧失优势。

法国生物学家贝尔纳说："良好的方法能使我们更好地发挥运用天赋的才能，而拙劣的方法则可以阻止才能的发挥。"

捷克教育家夸美纽斯说："时间与精力的无益浪费当然是从错误的方法中产生的。"

一个人在按照自己的愿望去实现目标的过程中，常常会遇到障碍或干扰。要战胜困难，排除干扰，仅仅靠意志、毅力不够，还需找出克难之策。这如同解几何题，有时苦思很久仍不得要领，换换思路试试，画条辅助线，或者反证，或者把要求的条件变换一下形式。只要存在着问题，便一定存在着解决问题的方法，就看你用什么思路找到方法。

当你用某种方法克难久久未果，这说明方法不对症，千万不要固执己见，换一种思路寻求克难的办法试试，也许就会柳暗花明，迎刃而解。

从一到万是一个工作历程

——宋江执意搞招安

宋江搞招安可不是件简单的事，从整体来说，这是一个“系统工程”。

《水浒传》第三十六回，写宋江被刺配江州牢城，路经梁山泊，被梁山好汉劫往山去，刘唐要杀两个公人，宋江坚决不让杀，不准坏了国家法度。上山以后，晁盖等人恳求宋江留下，宋江坚决不肯落草，宋江道：“小可若顺了哥哥，便是上逆天理，下违父教，做了不忠不孝的人在世，虽生何益？如哥哥不肯放宋江下山，情愿只就众位手里乞死。”此时的宋江，已显出坚决忠于朝廷的决心。

宋江后来上梁山，是不得已而为之。从上山的第一天起，宋江心里就有日后招安的打算。在这之前，宋江曾劝过武松，让武松上二龙山后，“如得朝廷招安，便可撺掇鲁智深、杨志投降，日后但是去边上，一枪一刀，博得个封妻荫子，久后青史上留得一个好名，也不枉了为人一世。”宋江既能劝武松，自己心里就更想着招安。

招安谈何容易，岂知众人有何心思，晁盖又是梁山泊首领，宋江初来乍到，总不能一上山便动员大家投降朝廷吧，由于时机不到，宋江一步一步地做着招安的准备。

第一步是组织亲信，形成以吴用、花荣、戴宗、李逵、宋清、孔明、孔亮等人的亲信网，这些人有的是他的朋友，有的是他的徒弟、亲戚。

第二步是逐步改变起义军头领的成分比例，吸收大财主柴进、李应、卢俊义等；朝廷方面的将军关胜、呼延灼、秦明、黄信、单廷珪、魏定国、韩滔、彭玘、孙立、宣赞、索超、徐宁、董平、张清、凌振、郝思文、朱仝、雷横等；知识分子朱武、蒋敬、裴宣、萧让、金大坚、安道全、皇甫端等入伙。他们之中大部分是无奈上山的，对招安兴趣较大。

第三步是将聚义厅改为忠义堂，突出了“忠”字，又立起“替天行道”杏黄旗。宋江又带领众好汉盟誓：“但愿共存忠义于心，同著功勋于国，替天行道，保境安民。神天察鉴，报应昭彰。”以盟誓约束了众人。

“暂居水泊，专等招安”是宋江上梁山后公开亮出的一面旗帜，它得到了梁山泊绝大多数头领的支持，并吸引了一大批朝廷将官，很少受到抵制和反对。一提起招安，人们总喜欢把责任推给宋江，以为宋江葬送了这支起义军。其实，招安思想并不是宋江所独有的，也不是宋江强化灌输给其他头领的，招安思想由小到大，由隐至显，经历了一个过程。每进来一位像柴进之类的财主，每进来一位像关胜之类的将领，每进来一位像安道全之类很不情愿上山的文化人，招安这个“市场”就扩大了一点。

《水浒传》中描写反对招安，或不太愿意招安的只有李逵、鲁智深、武松、阮氏兄弟等少数头领，吴用最初也不赞成招安。书中没有指明的人可能也有不愿招安的，但看到大多数人的态度，自己也就不说什么了。所以，最后受招安下山时，有的头领并不一定心服，只是怕坏了义气，顺着大家的意思罢了。这一部分人的心理叫做“从众心理”。而建立起来这个“众”，需要一个过程。

西晋的祖逖北伐可不是件简单的事，因为无一兵一卒、一戈一剑，一切从零开始积累，毫无捷径可走。祖逖是豫州刺史，但却是个空头衔，晋元帝什么也没给他，但是他不怕困难，雄心勃勃地来到淮阴，一面让工匠铸造兵器，一面招募战士、训练军队，不久建立了一支两千人的军队，开始北伐。祖逖的北伐虽然没有成功，但是说明了一个问题：任何一件事都不是不可能实现的，任何大的事业都是靠从小到大而造就的。无兵无卒，可以招兵买马；无戈无剑，可以锻铸刀枪，关键是要脚踏实地地积累。

穷人和富人好似空间坐标上的两个点，这两个点的距离可能很长，但仍可以度量。从小到大，从穷到富，实际上是一个工作历程。

当今的许多富翁，最初很多人是穷人，他们从“贫穷的初学者”开始，一步一步地攀登，先是为别人打工，在攒了足够的资金后建立了自己的公司。美国前总统林肯是一个贫穷但很有雄心壮志的人，他出生在一个拓荒农民的家庭，从小没有受过正规的学校教育，青年时期起独立谋生，当过农场雇工、石匠、船夫，在工作之余刻苦自学，读了许多书。他以精彩的政治演说和杰出的人品，25 岁当选为州议员，27 岁时通过自学成为一名律师，10 年后当选为美国众议员。林肯批驳“无论谁一旦成为雇工，那么他会一辈子都被固定在这种生活方式中”的观点，他说：“深谋远虑却贫困的初学者，通过劳动，挣得了工资，把余额保存下来，以便为自己买工具或土地，最后，存款多了，就可以雇别人帮助他，这些被雇佣的劳动者再重复上述过程。”

老子的《道德经》曰：“道生一，一生二，二生三，三生万物。”这“道”，自然就是“无”，这“一”、“二”、“三”、“万物”，可以理解为“有”，这句话可被理解为从无到有。《道德经》中对一、二、三的解释虽然不是简单的数量关系，但仍有个积累的意义。从无到有，应当是从无到小有，从小有到中有，从中有到大有。

庄子的《南华真经》曰：“通于一而万事毕。”没有“一”，则无万事，这个“一”何等重要。

《文始真经》曰："如人求一理、悟一法、成一事者，由习而得之，故天资之性未有不求而得。"讲的是品德的培养训练由一理、一法、一事积累而得。

从一到万是一个过程，它的运动轨迹是连续的，中间没有断点。任何人的成功都是不断付出的结果，不断的量变产生了质变。冰、水、汽是水的三态，水的温度一度一度地升，升到100℃，水才能沸腾成为蒸气；一度一度地降，降至0℃，水才能变成冰。小才变大才、小德变大德、小钱变大钱，都是从"一"开始积累的。羡慕别人，不如积累自己；与别人攀比，不如一点点地去丰满自己。任何一个人，只要积累，积累，再积累，当积累到一定程度的时候，他就成为一个"自由"人，便无所畏惧。人若走到这一步，均应从"一"开始积累。

积累要老老实实，比如读书。麦考莱是英国的政治家、史学家、作家和诗人，他最伟大的作品《英国史》出版后，销量超过了当时所有其他书籍而仅次于《圣经》。

麦考莱在3岁的时候便开始阅读成人的书，但在读了一书架一书架的书籍后，他突然发现花了那么大的精力并没有得到许多知识。他能够看懂作者们的每一个字，似乎也理解他们想要说些什么，但看过书后，不能概括出书中所讲的思想。

考麦莱对解决这个问题采用了一次一页的读书方法，他对这个方法做了如下的描述：

当我念完每一页时，总让自己停下来复述这一页所写的内容。起初我总要念上三四遍才能使自己的思想稳定下来，但我强迫自己遵守这一个规定。一直到现在，当我念完一页时，就差不多能把它从头至尾背出来了。

麦考莱的方法是一种基本的、诚实的积累方法。这种积累虽然慢一些，但实实在在积多了，也存下来了。

有人埋怨工作太忙，没有时间看书学习。其实，大的时间是由一点一点的零碎时间积累而成的。人的一生中业余时间大约是工作时间的3.5倍，这些时间大部分是零碎时间。有人瞧不起零碎时间，有人却利用零碎时间成就事业。

20世纪初，数学家科尔攻破了一道世界难题——2的67次方减1到底是不是人们猜想的质数。1903年，在纽约的一次数学学会上，科尔登上讲坛，在黑板上把2自乘67次后再减去1，接着又把193707721和761838257287两组数字用竖式连乘，两次计算结果相同。到会的都是数学家，他们一眼就看懂了，2的67次方减1原来是个合数！在热烈的掌声后，台上有人问科尔："您论证这个题前花了多少时间？"科尔回答道："3年内的全部星期天！"正是"星期天"这个人人皆有的业余时间，造就了科尔在自己研究的数学领域内取得了出类拔萃的成果。

万事从"一"开始，成功由"一"而成，与其羡慕、嫉妒别人，感叹时光易逝，不如珍惜每一天，重视每一个"一"。大事由小事组成，与其幻想成就大事业，不如做好身边的小事，"一屋不扫，何以扫天下。"

不要追求不切实际的希望

——成也宋江，败也宋江

有一天，在集市上，驴子甲被卖给了一个富人，驴子乙被卖给了一个农夫。富人把驴子甲当宠物养，精心照料。农夫很穷，驴子乙几乎顿顿都吃不饱，而且要不停地干活。

几年后，两只驴子偶然相遇，彼此谈了自己的经历。驴子甲对驴子乙深表同情，于是热心地说："我的主人非常有钱，让我跟他说一说，把你也买下来，我们一起过好日子吧。""不，"驴子乙答道，"我留在农夫家还是有希望过上幸福生活的。""什么希望?"驴子甲不解。"农夫有一个漂亮的女儿，美若天仙，"驴子乙解释道，"每当她做错了事，农夫就对她说：'如果你屡教不改，我就把你嫁给这头驴子当老婆!'"

驴子乙真傻，它去追求一个不切实际的希望，其实，梁山首领宋江也在追求一个不切实际的希望，在昏君宋徽宗掌权，奸臣当道的年月里，追求什么忠义两全，使轰轰烈烈的梁山好汉大聚义顿时消亡，实乃可叹!

上梁山之前，宋江扶危济困，尽力资助天下英雄，视金如土，人称"及时雨"。上梁山之后，宋江真心网罗天下人才，令不少所投之人感动。宋江俘获混世魔王樊瑞的两个副将后，以礼相待，两人说："如果你放我们一人回去，一人留下做人质，我们一定劝说樊瑞归顺。"宋江立即表现出大度，说：“干吗放你们一人回去？两人一块回去，我在此专候佳音。”二人叹道：“宋大哥真乃大丈夫!”宋江对朋友义重如山，义乃梧桐树，招来金凤凰，梁山泊兴旺发达，真是成也宋江。

晁盖死后，宋江开始实现他的希望，于是，聚义厅改成了忠义堂，竖起了“替天行道”的杏黄旗，晁盖一死，宋江为主，一门心思地想招安、盼招安、为实现招安疏通关系。

宋江的政治主张原先是只反贪官不反皇上。后来连贪官也不反了，要与高俅等贪官同朝为臣，既要让弟兄们有个好出路，又要尽忠皇上。结果将梁山泊的事业弄垮了，弟兄们的结果是死的死、伤的伤，为数不多的幸存者还有一些人心灰意懒，不愿为官。宋江、卢俊义被奸臣毒死，李逵又被宋江毒死，吴用、花荣自缢而死，梁山好汉们大碗喝酒、大块吃肉的快活成过眼烟云，真是败也宋江。

宋江忠义两全的希望在当时是不切实际的。宋徽宗是中国历史上有名的风流天才，十足的昏君，残酷地压榨百姓，百姓忍无可忍，起义造反。有昏君必有奸臣，所以才有以蔡京为首的四大奸臣作恶，昏君与奸臣是一脉相连的。只反奸臣不反昏君是不可能实现的。后来，宋江寻求与高俅合作，你宋江过去打家劫舍、攻城略地，又杀了人家的兄弟高廉，人家能不恨你吗，能不想尽了损招儿害你吗？

追求不切实际的希望是凭“想当然”办事。愿望不能代替现实，“想当然”，最易脱离现实，十有八九会失败。18 世纪欧洲出现了圣西门、欧文、傅立叶这三大空想社会主义者。圣西门为自己的理想社会设计了一种“实业制度”。在这种制度下，社会没有寄生虫，人人都要劳动，每个人的社会地位取决他们的能力和贡献。在“实业制度”下将出现一个和谐、平等的社会，生产是受国家监督、统一安排、按计划进行的。圣西门的愿望是好的，思想是进步的，但是良好的愿望代替不了现实，在18 世纪的法国是无法实现的。欧文和傅立叶的实验也遭遇了失败。

人生也好，企业也好，是该抱有希望，有希望才有目标和动力。但是，你必须进行可行性论证，要做个风险评估、成本评估、机会评估，不能像宋江那样，非往死路上走下去不可。

有许多路是死路，走这条路的人必无好的结果，追求不切实际的希望就是在走死路。一些人暂时也会得到荣誉、金钱和高官，甚至大红大紫、飞黄腾达，但最终还会失败。死路是万万不可走的。

死路并非都是坏人走的路，一些善良的人有时因为贪财，企图不劳而获，追求不切实际的希望，也会走死路，例如想靠赌博、传销发财。

赌博是不讲公平的，“多赌必输”是一个必然规律。参与赌博的人大多都输得妻离子散、家破人亡，这完全不是参赌人的什么手气、运气的问题，而是由赌博的“游戏规则”性质决定的。有些赌博活动，参赌者赢的概率非常小，几乎为零。例如六合彩，中奖机会可以说是一个近乎零的“白日梦”。多少人的血汗钱都送给了无底洞似的赌具，想靠赌博发财致富的道路不但走不通，反而会使你倾家荡产，善良的人们千万要远离赌博啊!

传销是国家明令禁止的，善良的人们若想通过传销赚大钱肯定上当受骗、血本无归。传销的“羊毛出在羊身上”，撑起传销“金字塔”上端暴富神话的，是底层的满目白骨。“金字塔”修得越高，下面的白骨将越多，传销像一颗毒瘤，必须被割除，越早越好。

说人生有八苦：生、老、病、死、亲别离、怨憎会、五阴炽盛、求不得。传说中的佛说的这八苦，并非人人都得占全。生、老、病、死，凡是人者皆无可避免，只是这“求不得”之苦，并非人人都要承受。

“求不得”，即满足不了的欲望。不得，一是不该得到的东西，例如不义之财、无度享乐，得了反而遭祸；二是根本得不到的东西，例如宋江、圣西门所追求的不切实际的希望，追求不切实际的希望，只能四处碰壁，苦不堪言。

不顾实际、想入非非、好高骛远，设计出的宏伟蓝图不切实际，像一张画饼，中看不中吃，追求不切实际的希望还会给人带来莫大的焦虑、沮丧和压抑。人要对自己的潜能应当有个正确的估计，切勿追求那些不切实际的希望。

细心就是最好的能力

——吴用心细辨歧意

宋江二败高太尉，朝廷闻讯，决定再下诏书。高太尉见了招安天使，讨了诏书抄白观看，心中踌躇。待不招安来，已连折了两阵，船只尽行烧毁；待要招安来，又羞回京师。高俅数日主张不定。

高俅手下有一济州老吏王瑾。此人平生克毒，人尽称为剜心王。他见了诏书抄白，向高俅禀道："诏书上最要紧的是中间一行道是：'除宋江，卢俊义等大小人众，所犯过恶，并与赦免，此一句是囫囵话。如今开读时，却分作两句读，将'除宋江'另做一句，'卢俊义等大小人众，所犯过恶，并与赦免'另做一句。赚他到城里，捉下为头宋江一个，把来杀了，却将他手下众人，尽数拆散，分调开去。自古道：'蛇无头而不行，鸟无翅而不飞。'但没了宋江，其余的做得甚用?"

王瑾使的奸计是使诏书产生歧义。诏书原意是，免除宋江、卢俊义等全体人员所犯的过恶，一律赦免。王瑾将顿号改为逗号，一句话改成两句话，意思就大变了。这样一来，就把宋江一人与其他一百零七人分别对待了。高俅本来就是奸诈小人，一听此奸计大喜，让人去梁山泊报知，令宋江等全伙前来济州城下，听天子诏敕赦免罪犯。

话说宋江一伙英雄来到济州城下听诏。天使读诏，被智多星吴用识破，当时吴用正听读到"除宋江"三字，便目视花荣道："将军听得么?"花荣会意。

天使才读罢诏书,花荣大叫:“既不赦我哥哥,我等投降则甚?”搭上箭,拽满弓,望着个开诏使臣射去,一箭射中面门。城下众好汉一齐叫声“反!”乱箭望城上射来。此次高俅使用诈计,不但没有得逞,反而再次损兵折将。王瑾的奸计,一般人是识别不出的,只有细心的人才能识破。

《水浒传》中说吴用听话心细还有几处:

晁盖等人劫了生辰纲,为官兵所逼投了梁山。王伦以上宾礼待。晁盖心中欢喜,不想吴用只是冷笑:“你道王伦肯收留我们?兄长不看他的心,只观他的颜色,动静规模。”接着解释道:“兄长不看他早间席上与兄长说话,倒有交情。次后因兄长说杀了许多官兵捕盗巡检,放了何涛、阮氏三雄如此豪杰,他便有些颜色变了,虽是口中应答,心里好生不然。”

王伦对待晁盖数人骤然心绪逆转,虽千方百计加以掩饰,但这种心理变化往往不自觉地反映于表情变化。这种变化可以瞒得过晁盖,却瞒不过细心的吴用。正是吴用明察秋毫,窥知真相,才引出后来的巧借林冲之手,火并了王伦。

人们对粗心的人常常给以善意的批评和规劝,因为粗心并非品德方面的错误。20 世纪 50 年代有一个相声“买猴”。一个主管科长下采购单,因为粗心,将购买猴牌牙膏写成买猴,让采购员闹出不少笑话。同一时期,还有一个儿童故事“没头脑和不高兴”,也有讽刺粗心大意的内容。名叫“没头脑”的工程师设计千层高楼时忘了设计电梯,遭到看戏的小朋友的埋怨。粗心尽管不涉及品德,但是由于粗心疏忽会误事。

世上有一句名言:“疏忽不是错误,但必定要酿成错误!”人的一生中会有大大小小许多种疏忽,疏忽只是疏忽,但一个又一个疏忽加在一起,就会酿成大祸。人生的许多遗憾,其实都是由一个又一个疏忽的叠加所造成。疏忽的累计,对人生的损害同样是致命的,不可挽回的。

1984 年,美国联合碳化物公司在印度造成了震惊世界的博帕尔事件。

1984 年 12 月 3 日凌晨，由于公司农药厂没有人值班去监控设备，致使剧毒气体冲破阀门，顷刻间化为浓烟厚雾飘散在人口稠密的博帕尔市区。在短短几天里，毒气使 2800 人命归黄泉，52 万人受到毒害，其中 10 万人因毒而终生残废。博帕卡事件起因于粗心大意、粗犷经营、管理不善，不仅给印度人民造成大灾难，而且也使公司遭到巨大的经济损失，公司形象尽毁。多少年过去了，印度人民仍对这一不幸事件深恶痛绝。

大工业生产不同于早期的作坊生产。大工业生产规模大、环节多，最容易出现漏洞，而且一个漏洞会引起连锁反应，产生一连串的灾难。大工业生产所使用的电、气、煤，既能产生强大的动力，又是产生恶性事故之源。管理稍一粗心，它们就会变成吃人的“老虎”。大工业生产，员工稠密、设备稠密、厂房稠密、企业稠密。所以，企业管理者要有“怀抱炸弹经营”的意识，切不可粗犷经营。粗心大意、马马虎虎，则会种下一个个隐患，一个火星就会引爆炸弹，后悔晚矣。

细心是最好的能力，细心的人才能把事件办得更好，办得不出差错。唐太宗时期，吐蕃王松赞干布派宰相禄东赞为使节赴长安向唐朝求婚。当时，还有一些少数民族也派了婚使来长安，唐太宗决定以考智慧的办法来择婿，谁答题答得最快最好，文成公主就嫁给谁的君主。

一天晚上，各国婚使忽然接到邀请，请他们去宫内欣赏歌舞，并规定每人只限带一名随从。各国婚使以为今天测试的题必然在歌舞之中，都瞪大眼睛看歌舞。没想到看完歌舞后，唐太宗才出题：请各国婚使从原路返回各自住处。众人顿时傻了眼，皇宫内曲径回廊，犹如迷宫，如何走得出去。禄东赞却胸有成竹，顺利地回到自己住处。原来，禄东赞心细，他入宫时让随从在曲径回廊的每一个拐弯处做了标记，因此很快回到了住处。禄东赞的细心决定了他脚下的路。

细心是一种规范，规范是一种良好的习惯。例如做实验需要训练规范，而有人做实验毛手毛脚，东碰碰西动动，不按程序去做；有人把实验仪器一铺一大片，无章无序；有人不按规范去观察，粗枝大叶、马马虎虎、敷衍了事，数据记录得也不全；有人在实验结果中只有实验数据的计算结果，连绝对误差和相对误差都没有，有效数字的取舍不按规矩办；实验结束后，仪器不能复原；做实验时，不能按正确动作使用仪器，用天平测量规定必须用镊子夹砝码，有人却用手抓。实验技能包括细心操作、细心观察、井井有条、一丝不苟的作风。所有这些，离不开科学的规范。

遵循学术规范是科学的态度，科学的态度与细心同路，细心是一个科学工作者的基本素质之一。科学史上有很多成功机会的流失源于科学工作者偶尔的粗心、不规范。在校的大学生不仅需要学习知识，更重要的是需要培养科学的态度。

细心是一种责任。对子女细心呵护，对老人细心照料，体现着一种责任。医生给病人看病，老师对学生的教导，公交车司机为乘客开车，都承担着重大的责任。

细心是一种敬业精神。上海有一家老字号的南货店“三阳盛”，售货员每天早晨一上班，都得将隔夜装好的袋装红枣开袋，每袋再添放一粒红枣。原来，隔夜的红枣有干耗，不添入一粒的话，红枣的分量就达不到标准。为了准确、客观地称量货物的重量，“三阳盛”还为每一台店内电子秤加设了防风玻璃罩，以防止自然风或电扇风对分量准确度产生干扰。“三阳盛”的细心就是一种敬业精神。小处见真情，小事体现了企业和员工的敬业形象。如果你生产的产品、卖的货物、推出的服务方式粗枝大叶，该有的规格没规格，应有的数量不足，应附的说明书一字也无，这能称为敬业吗？

有人说：“英雄不拘小节。”非也！其实，真英雄最重小节。小节不保，大节不生。敬爱的周总理乃古今中外的巨人，天下之大英雄，周总理最重小节，心细如发，然而天下人谁不敬仰周总理呢。

小纰漏坏大事

——吴用书信出破绽

往往一个小小的疏忽坏了一件大事。吴用虽足智多谋，但智者千虑，也有一失。

宋江在浔阳楼上写了反诗，被官府捉拿。梁山好汉听说此事后非常着急，首领晁盖立刻要众位头领带人马下山去打江州，救回宋江上山。吴用认为，江州离梁山路远，军马去救，必然会打草惊蛇，倒送了宋江性命。所以，不可强攻，只可智取。吴用心生一计，请戴宗送一封信给蔡九知府。

原来，戴宗正奉蔡知府之命送一封信给知府之父蔡太师蔡京，信中询问如何处置宋江，若要活的，便解上京；若不要活的，便就地处决。戴宗送信路过梁山，吴用出了一计，写一封蔡京给蔡九的假回信，告诉蔡九，让他派人把宋江解往京城。等经过梁山地界时，把宋江劫下，为了模仿蔡京笔迹，吴用请来了善写诸家字体的圣手书生萧让；为了刻制蔡京印章，吴用又请来了刻得好玉石的玉臂匠金大坚。一封假信，从字迹到章印，均无懈可击，足以乱真。

不料戴宗走后，吴用突然叫苦不迭，大叫书信中有一个破绽。原来，金大坚模拟的蔡京图章是篆体“翰林蔡京”四个字，这个印章用在与朋友之间的书信，写作文章时适用，但用在父亲给儿子的信中就不适宜了。父亲给儿子写信根本无须盖印章，这是疑点一；即使盖印章也不能直述其名，这是疑点二；翰林是蔡京早期的官职，如今已升至太师丞相，不应当再用过时的印章，这是疑点三。果然，戴宗送信回去被蔡九知府手下黄文炳识破，不但宋江救不成，连戴宗也被抓。若不是梁山泊好汉大闹江州城，宋江、戴宗命已休矣。

人的一生中，有时我们很难毫不含糊地对大事和小事做出绝对的界限。对看似琐屑的小事的轻慢，也许正是为成功自掘坟墓。

一件小事没有做好，可能会影响大局。《西游记》中平顶山的金角大王、银角大王抓住了唐僧、八戒、沙僧，并把他们都吊起来。孙悟空为救他们，变化成妖怪的娘，来到洞里。妖怪请假娘吃唐僧肉，悟空开了个玩笑："我儿，唐僧的肉我倒不吃，听说有个猪八戒的耳朵甚好，可割将下来整治整治我下酒。"那八戒听见慌了道："遭瘟的，你来为割我耳朵的！我喊出来不好听啊！"只为呆子一句话，泄露了猴王变化的秘密，让悟空前功尽弃。你道八戒这话是小事还是大事？

为什么天下无小事呢？因为世界万物之间都有千丝万缕的联系，一石可以激起千重浪，一件小矛盾处理不好，可能引发大冲突，一事不慎，可能引发"多米诺骨牌"效应。

小事之所以不小，是因为它可以引发大事。20世纪的科学成就中，有三个最大的科学发现，一个是相对论，一个是量子力学，一个是混沌理论。混沌理论认为，初始条件的十分微小的变化经过不断放大，对事物未来会造成极其巨大的差别。一只蝴蝶在亚马逊雨林里扇动翅膀，有可能会在美国的得克萨斯引起一场龙卷风。

军事上讲究乘虚而入，小小的疏忽就是虚处。任何一个疏忽，都可能成为对手对你的攻击点，疏忽虽小，却可能成为致命的错误，让对手洞察。百善之德，毁于一恶；七尺之躯，殁于一疾。决定命运的并非都是你做对了的事情，有时，一个不起眼的纰漏会让人反胜为败，前功尽弃。

人生的许多遗憾，其实都是由一个又一个疏忽的叠加所造成。疏忽的累计，对人生的损害是致命的，不可挽回的。我们敢不谨慎从事吗？

科学研究、经商作贾、公关谈判、言语表达，犹如对弈，眼看胜局已定，不料一着失算，形势骤变，胜局立即变为败局。任何一个方面的失误，任何一项活动的不当，对群体和个体形象都会有影响。天下之事，皆做于细。你生产了100件优质产品，人家认为理所应当，但一旦混进去1件次品，问题就大了。日本松下电器公司说得好：“即使是万分之一的次品，对顾客来说也是百分之百的次品。”日本某企业在厂门口树立一条醒目的标语：“100－1＝0”，意思说，1%的失误会毁了99%的成功。

没有最小的秒，哪来的分？没有分，哪来的时？没有时，哪来的日、月、年？老子曰：“一生二，二生三，三生万物。”所以，庄子曰：“通于一而万事毕。”这些话讲的是不能忽视任何“一”和“小”。小的不仅可以积累为大，而且关键时刻能孕育一种与命运相关的改变。

效率就是生命

——吴用运筹巧安排

双鞭将呼延灼用连环马胜了梁山将领。连环马“乃三千匹马军，做一排摆着，每三十匹一连，都有铁环连锁，共一百队。”马披重甲，只露出四条腿；人头戴帽盔一直垂下到颈，护住脸面，只露双眼。“但遇敌军，远用箭射，近则使枪，直冲入去。”“每一队三十匹马，一齐跑发，不容你不向前走。”其势如破竹，不可阻挡。

时间对于每一个人来说是相等的，但是由于安排得不同，就产生了对时间利用率的差异。会运用时间的人，把工作、学习、交际等各项事情安排得井然有序、从容不迫、忙而不乱，为事业的成功创造了条件，相反，安排不当，忙中添乱，丢三落四，则一事无成。问题的关键在于，如何能在较少的时间里干较多的事情，这就是效率。且看吴用在大破连环马中如何运筹安排大小事务的。

宋江兵败，与众人商议破连环马之策。正无良策，只见汤隆献计，汤隆知道欲破连环马，须用钩镰枪。但是汤隆只会打造钩镰枪，却不会使，只有京城的金枪手徐宁会使。于是，这才引出军师吴用一番大安排。事情多，时间少，吴用运筹帷幄，把需要做的事情进行优化组合，使之一环扣一环，极大地提高了工作效率，充分利用了有限的时间。

吴用首先让神偷时迁下山，去偷盗金枪手徐宁的雁翎锁子宝甲。同时，让打铁出身的汤隆照图纸打造一把钩镰枪做样。第二天，吴用派薛永扮成使枪棒卖药的，去东京取轰天雷凌振一家老小，派李云扮客商去东京买烟火药料，派汤隆、乐和下山赚徐宁上山。他们几位走了以后，梁山山寨并未闲着，由祖上也是打铁出身的雷横监督，让山寨里打军器的工匠照汤隆留下的样品打造钩镰枪。

时迁盗了宝甲，前脚刚走，汤隆后脚就到了徐宁府上。徐宁是汤隆的姑舅表兄，自然不会对汤隆的来访有疑心。徐宁因丢失宝甲面带忧容，汤隆趁机问其究竟，然后告诉徐宁，他在离城四十多里的一个村店里，看见一个汉子正挑着你家盛甲的红羊皮匣子。徐宁听罢，立即同汤隆去追。而后来，汤隆、乐和、时迁将徐宁用麻药麻倒，才使徐宁上山入伙。

徐宁上山后，雷横监造的钩镰枪也已完备，时间一点没有耽误，于是徐宁抓紧时间教兵士日夜学练钩镰枪法。此时，去京城买火药的李云也回来了，凌振制造了各种火炮，破连环马的一切准备工作均宣告完毕。在这一段时间内，汤隆又把徐宁的妻子接上山，免了徐宁的后顾之忧。吴用的安排滴水不漏，一气呵成，各项工作密切配合，运筹人、事、时间，有条不紊，颇有现代管理者的风范。

要提高工作效率，就必须高效地利用时间，这首先要弄清三个问题。

一是眼下要做哪些事情。同样以吴用破连环马为例，为了实行计划，需要做的事情有：

买火药，好让凌振制造各式火炮，以火炮攻呼延灼的官军。

盗徐宁宝甲，好做诱徐宁上山的引子。

诱徐宁上山，好教兵士操练钩镰枪法。

照图纸造一把钩镰枪做样品，好让工匠仿造大量兵器。

接徐宁、凌振家眷，好让两位新入伙的头领无后顾之忧，安心工作。

让凌振制造火炮，让徐宁操练士兵，好破连环马。

二是每件事要用多少时间才能完成。

三是所有这些必须要做的事情之间相互关系如何？即应当先做什么，后做什么。

吴用的安排，就是运筹时间的顺序。这是从许许多多的事务性工作中解脱自己的法宝。

深圳人打出“时间就是金钱”“效率就是生命”的口号。中央提出又好又快地发展，快，也包含着利用时间的问题。善于管理时间、驾驭时间的人是最有才干的人，因为他的工作效率最高。

美国威斯汀豪斯公司的董事长兼总经理是一位管理专家，他在其名著《提高生产率》中提出了提高效率的三条原则，实际上是对时间的运筹，它们是当你做事时，必须自问：

一是能不能取消它。可做可不做的事情坚决不做，这可以节省大量时间和精力。乏味的、格调低的、套话废话多的讲座不去听它，没有什么文化含量的电视剧不去看它，纯粹的闲书不看或少看，无意义的活动少参加，与自己工作毫无关系的陪会，倘若不得不去陪，脑子里可以思考一些自己工作上的事。网上聊天并没有很大的意义，许多人通过上网和陌生人侃侃而谈之时，也逐渐形成了有意回避在现实世界进行交往的心理习惯。网上聊天，不如与身边的父母、老师、同学、朋友聊天。

二是能不能与别的工作合并。与别的工作合并，无形中就提高了效率。例如，乘车时背记外语单词、思考文章的框架结构；会议前的等待时间考虑一两个问题；看电视时织毛衣；出差或探亲时留意身边的信息，都属于合二而一的“合并法”。北宋欧阳修是个政务繁忙的大官员，但他利用“马上、枕上、厕上”的“三上”业余时间读书和构思，使他成为名垂千古的文学家、史学家。青岛双星鞋厂的经理们外出时，在旅馆门口一边做广播体操锻炼身体，一边用眼睛盯着来往路人的鞋，健身与搜集信息两不误。

上课非要专心听讲吗？如果老师讲的过细过滥，如果老师完完全全地照本宣科，如果老师讲的你已经懂了，你完全可以一心二用，边看书（不是这门课的书也没关系）、边听讲，耳朵和眼睛并用是可以做到的。

季羡林老先生说：“我‘从政’起码有三十多年的历史，总要参加各种会议。我发现一个窍门，本来汉语是世界语言里最简练的。英文要1分钟，我们有5秒钟就够了。可是，我们有很多人对不起这个特点，讲话啰里啰嗦，一句话重复来、重复去，还加上‘哼、哈、唉’，就像一个人在敲鼓板一样，所以他讲话，我用不着注意听，半个耳朵完全可以掌握，当别人鼓掌的时候，我跟着鼓掌。那时候，我就考虑别的问题，思考一篇文章怎么写、资料怎么搜集。我并不反对开会，有些会是必要的，不过，要讲一点效率，不要套话太多。开学术讨论会，就不要浪费时间，其实，你最好单刀直入，有什么意见就提。”

季羡林老人的时间多半被名目繁多的会议、各色人等的拜访分割得支离破碎。然而，我们常常可以看到他一篇接一篇的文章见诸报刊、一本又一本的著作问世。

他说：“北宋欧阳修写文章，多在‘马上、枕上、厕上’，我写文章，多在会上、飞机上、路上（散步），也可以叫‘三上’吧。”

三是能不能用简便的方法代替。更简便的方法包含着更高的效率。

选择最简单的就是最好的，这是因为：

第一，简单的方法“合算”，省事、省钱、省力、省时间，而且容易实现。如果能以最简单的方式解决问题，为什么还要选择繁琐而自找麻烦呢？

第二，繁琐的东西，信息、枝蔓太多，次要的信息有时淹没了主要信息，导致喧宾夺主，主次不分。另外，计划太复杂，执行者在枝节上、局部上可能耽误太多的时间，甚至误入歧途。

效率，在现代社会里是维持人们生活和工作的必备条件。讲究效率，是做任何事情的标准。提高效率等于延长一个人的生命，使人在有限的生命里做更多的事。做事不能只讲耕耘，不问收获；也不能只看忙碌，不讲效率。

“效率就是生命。”人的生命价值并不在于他活了多大岁数，而在于他为社会做了多少事。人的生命是有限的，要在有限的生命中尽量多做事，那就必须提高做事的效率，争取事半功倍的效果。

许多人都喜欢那些勤勤恳恳、埋头苦干，从早忙到晚，早来晚走，不偷懒耍滑的“老黄牛”。勤勤恳恳、埋头苦干是优点，体现了人的工作责任心和刻苦精神。但是，勤奋要和目标结合起来，要和工作绩效结合起来，不能忙活了半天，什么也没干出来。

当代社会的高节奏，使大家都忙。忙是好事，但也得看怎么个忙法，有人忙忙碌碌，却目标不明，心中无数。虽终日忙碌，但是对远期方向、近期目标、主要问题、次要矛盾，心中却模糊不清，“脚踏西瓜皮，滑到哪里是哪里。”有人忙忙碌碌，却忙不到点子上，不分轻重缓急，工作节奏紊乱，工作计划不周，常常因小失大、重复劳动、组织失调、捉襟见肘。有人忙忙碌碌，却不讲究方法，造成时间和精力的无谓浪费。

做事，不但要看其做了没有，而且更要看其做了什么，怎么做的，做的对不对，付出成本和代价是多少，做在“点子”上没有，有没有绩效，有没有创造性。只有研究方法，分工明确，紧抓落实，关注细节，才能更有效率地解决问题。

出奇制胜

——吴用布四斗五方旗

话说枢密使童贯统率十万大军，攻打梁山泊。童贯刚刚摆出阵，只听山后炮响，就后山飞出一彪军马来。童贯令左右拢住战马，自上将台看时，只见山东一路军马涌出来：前一队军马红旗，第二队杂彩旗，第三队青旗，第四队又是杂彩旗。只见山西一路人马也涌出来：前一队人马是杂彩旗，第二队白旗，第三队又是杂彩旗，第四队皂旗，旗背后尽是黄旗。大队军将，急先涌来，占住中央，里面列成阵势。

正南军马，尽是火焰红旗，红甲红袍，朱缨赤马，前面一把引军红旗，号旗写着“先锋大将霹雳火秦明”。三员大将，一正二副，都骑赤马。

东壁军马，尽是青旗，青甲、青袍、青缨、青马，前面一把引军青旗，号旗写着“左军大将大刀关胜”。三员大将，一正二副，都骑青马。

西壁人马，尽是白旗，白甲、白袍、白缨、白马，前面一把引军白旗，号旗上写着“右军大将豹子头林冲”。三员大将，一正二副，都骑白马。

后面一簇人马，尽是皂旗，黑甲、黑袍、黑缨、黑马，前面一把引军黑旗，号旗上写着“合后大将双鞭呼延灼”。三员大将，一正二副，都骑黑马。

东南方门旗影里一队军马，青旗、红甲，号旗上书“虎军大将双枪将董平”。西南方门旗影里一队军马，红旗、白甲，号旗上书“骠骑大将急先锋索超”。东北方门旗影里一队军马，皂旗青甲，号旗上书“骠骑大将九纹龙史进”。西北方门旗影里一队军马，白骑黑甲，号旗上书“骠骑大将青面兽杨志”。八阵中央，只见团团杏黄旗，黄袍、铜甲、黄马、黄缨，黄旗中间，立着那面“替天行道”杏黄旗。

枢密使童贯在阵中将台上，定眼看了梁山泊兵马摆成的九宫八卦阵，惊得魂飞魄散，心胆俱落，不住声道：“可知但来此间收捕的官军，便大败回，原来如此厉害！”梁山所摆之阵，是一奇阵，奇在既有阵势，又有色势，这眼花缭乱的色彩，既壮己胆，又破敌魂。吴用先打的是色彩战，尚未交战，色彩之势已攻敌心。

用色彩之势夺人可不是吴用首先发明的。春秋时，吴国伐晋，以万人为一军。中军着白色衣裳、白甲、持白旗、执白羽箭；左军着赤衣、丹甲、持赤旗、执朱羽箭；右军着黑色衣裳、黑甲、持黑旗、执黑羽箭，晋军望之如荼、如火、如墨而大惊，却是仗还没打，先以服色来夺人乱人了。唐太宗征东时，勇敢机智的薛仁贵独自着一身白袍，突然出现在千军万马之中，当时不但敌军为之惊骇，连唐太宗也为之惊异。用色彩打仗是一种心理战，能起到意想不到的作用，不可谓之不奇。

中国人的战术历来强调“奇”。田单以火牛阵破燕军、薛仁贵以麻雀群攻城、小分队奇袭奶头山、志愿军侦察连奇袭白虎团，都是以奇制胜。

孙武说：“战争不过奇正，奇正之变，不可胜穷也。”“将之军无奇兵，未可与人争利。”“善出奇者，无穷如天地，不竭如江河。”

老子曰：“以正治国，以奇用兵。”

出奇为什么能制胜，因为奇乃非常规，令对手预测不到，摸不着头绪。对手无从准备，己方却可自由驰骋。沿着常规、常识、习惯、经验去做事，当然无奇。突破常规，另开路径，才有奇而言，所以，出奇是一种创造。

水浒故事的特点就是出“奇”。古代评论家曾言：“不读‘水浒’，不知天下之奇！”智取生辰纲，思维奇；大破连环马，运筹奇；吴用布四斗五方旗，阵式奇；武松醉打蒋门神，招式奇；燕顺三雄战黄信，策略奇；柴进护林冲出城，行瞒天过海之术，好奇妙的“包装”；燕青智扑擎天柱，以奇克刚，更显示了出奇的不可捉摸。

“奇”有许多形式。“兵以诈立”是“奇”，“变化莫测”是“奇”，“将计就计”是“奇”，“出敌意外”也是“奇”。凡兵战商战，均应知己知彼，方能百战百胜。对竞争对手的一切，应当尽量多地了解掌握；对自己一方的所想所为，应尽量不让对方了解，出奇才能让人摸不着头绪，不让对方有所准备，己方才有可能自由驰骋，如入无人之境。企业家要具有出奇制胜的胆识，干没人干过的事，生产别人没有生产的产品，才有兴旺发达之日。

出奇可以制胜，但不可违背客观规律。孔明草船借箭，七星坛上借东风，真是“奇”。但是，在“奇”的后面体现了他对气象变化规律的研究和深刻的认识。凡出奇制胜，皆奇得合理。出奇亦未必制胜。出奇必须顺应“天时、地利、人和”，否则可能失败。过于滞后，无奇而言；过于超前，又常会碰壁。

现代生活中的“出奇”应当让人感到赏心悦目。京剧《七女解》中的崇公道，《徐九径升官》中的徐九径，豫剧《七品芝麻官》中的县官唐成，他们的扮相、道白都是一个“奇”，这些人的心灵令观众赏心悦目，以奇显美。但是，有些“奇”令人恐怖，有些“奇”使人感到荒诞低俗，有的“奇”十分无聊，有的“奇”格调不高，有的“奇”违背了社会伦理道德，有的“奇”甚至违反了法律。因此，“出奇”虽是智慧，但应当用品德去把握。

千万别把事情看绝了

——卢员外入伙梁山

众多好汉上梁山，大体上有三种原因，一是犯了事或遭人陷害而走投无路的，如林冲、柴进、杨雄、石秀、解珍、解宝等；二是本来就打家劫舍，因自身力量弱，投奔梁山入伙的，如燕顺、朱武、樊瑞、孔明、孔亮等；三是与梁山义军打仗战败的，如关胜、呼延灼、索超、扈三娘等。他们的入伙，顺理成章。

但是有那么几位，自己压根就没有想到会上梁山落草。例如金枪手徐宁，人家在京城干得好好的，稀里糊涂地就被吴用用计强行抢上山了，一夜之间，命运大变。还有那位玉麒麟卢俊义，在河北当财主当得好好的，从来没有把自己与梁山联系在一起，更不可能想到今后的某年某月，会在梁山当二把手。看来，天下事，没有不可能发生的，真不能把事情看绝了。

天王晁盖去世后，宋江守住山寨居丧，追荐晁盖。一日，请到一僧，乃北京大名府在城龙华寺法主。只为游方来到济南，经过梁山泊，就请在寨内做道场。闲话间，宋江问起北京风土人物，那和尚提起河北玉麒麟。宋江、吴用听了，猛然省起，说道："你看我们未老，却恁地忘事！北京城里是有个卢大员外，双名俊义，绰号玉麒麟，是河北三绝。祖居北京人氏，一身好武艺，棍棒天下无对！梁山泊寨中若得此人时，何怕官军缉捕，岂愁兵马来临！”吴用笑道：“哥哥何故自丧志气？若要此人上山，有何难哉！”

俗话说：“不怕贼偷，就怕偷惦记。”宋江心里一惦着卢员外，吴用必定能赚得此人上山。吴用开始一步一步实施计划，远在河北的卢俊义哪里会想到。卢俊义自认为“卢某生于北京，长在豪富之前，祖宗无犯法之男，亲族无再婚之女；更兼俊义作事谨慎，非理不为，非财不取，又无寸男为盗，亦无只女为非，如何能有血光之灾？”

卢俊义被吴用设计擒上山后，宋江劝他落草，卢俊义认为自己身无罪累，颇有些少家私，凭什么远离家乡，到这梁山当什么山大王。可是，卢俊义认为不可能发生的事情，偏偏发生了，而且到了不上梁山就无出路的地步，毫无选择余地。

天下的事千奇百怪，事物的发展千变万化，所以什么事没有绝对的。懂得没有绝对，你才会在突变事件的面前保持镇定的心态，才会临危不惧，应付变化，绝处逢生。懂得没有绝对，你才会相信辩证。把事情看绝了，是一种僵化思维，不承认变化则是形而上学。

1945 年，华盛顿的大富商西蒙被绑架。绑匪将西蒙拘在一座海边的六层楼上，只等西蒙的家人给钱后，就杀死西蒙。藏匿西蒙的密室，门是锁着的，窗外就是大海，任他怎么呼叫也不会有人听见，屋里空空荡荡，除了一根绑住西蒙的绳子，什么都没有。谁想，事情突变，绑西蒙的时候，绳子是湿的，干后的绳子却松动了。西蒙挣脱了的绳子，刚好成了解救他的帮手。西蒙将绳子拴在窗上，爬了下去。同样的一根绳子，一头是生，一头是死。西蒙逃脱了！你看，还是别把事情看绝。

某个要塞附近，住着一位老翁。一天，他儿子的一匹马逃到塞外去了，邻居们都来安慰他们，老翁却对大家说：“逃失一匹马，怎么知道不是一件好事呢?”大家对他的话感到不理解。

过了几个月，逃失的马忽然回来，并且带来一匹马。邻居们纷纷来祝贺，老翁却说:“这怎么知道不会成为一件坏事呢?”

儿子很喜爱那匹被带来的马，有一次骑它时不慎摔下来，跌折了脚骨。邻居们来慰问，老翁说:“跌折了脚骨，又怎么知道不会成为一件好事呢?”果然，一年后，战事起。青壮年都应征入伍，大多数战死。老翁的儿子因为脚跛，未被应征入伍，保全了性命。这是成语“塞翁失马，焉知非福”的故事。好事、坏事始终在相互转化。人生面对的对象极为复杂而众多，到处都有相互依赖、相互制约、相互转化的各种关系。福中常有祸，祸中常有福。

战国中期，燕国大将乐毅伐齐，一发而不可收，一举攻下齐国国都临淄，又分五路进军，攻占了齐国七十余城。齐国仅剩莒城、即墨两城。眼看齐国亡国之势不可逆转，战争胜负的天平突然发生了变化。风云突变，齐国田单发明了火牛阵，大败者变成了大胜者。战场上胜负之间的转化常常在一瞬间，齐国军队乘胜追击，势如破竹，不多久，七十余座城池全部收复了。你看，还是别把事情看绝了。

任何事物都不是绝对的，绝对好的东西没有，绝对坏的东西也没有。大家都厌恶老鼠，人人喊打。但是，老鼠有惊人的繁殖能力。一年内，一对老鼠和它们的儿女们就能造出一千多只后代。利用老鼠的这一生殖特性，又因为老鼠也是哺乳动物，所以老鼠是生物学、医学研究中最好的实验物。美国刑警人员利用老鼠小巧灵活，上蹿下跳、嗅觉敏感等特点，把它们训练成警鼠。它们凭其灵敏的嗅觉，钻入警犬难以跻身的缝隙与角落，准确及时地报警，使贩毒者难逃法网。美国情报人员从20世纪50年代，就开始训练老鼠侦察地雷。用老鼠排雷，比工兵使用电磁排雷要安全，而且快速简便。在海湾战争中，美国曾利用数万只排雷鼠进行排雷活动。在现代战争中，老鼠的优势明显，人们无法接近的目标，利用老鼠却能偷袭。你看，别把事情看绝了。

有三个这样的孩子：一个孩子 4 岁才会说话，7 岁才会写字，老师对他的评语是："反应迟钝，思维不合逻辑。满脑子不切实际的幻想。"他曾经遭遇退学的命运。一个孩子曾被父亲抱怨是白痴，在众人的眼中，他是毫无前途的学生，艺术学院考了三次还考不进去。他叔叔绝望地说："孺子不可教也。"一个孩子经常遭到父亲的斥责："你放着正经事不干，整天只管打猎，捉耗子，将来怎么办?"所有的教师和长辈都认为他资质平庸，与聪明沾不上边。

这三个孩子分别是爱因斯坦、罗丹和达尔文。你看，还是别把事情看绝了。

如果你把事情看绝了，你将失去很多机遇，包括人生、事业、发展等诸方面的机遇。

如果你把事情看绝了，那么在突发事件到来时，你将因没有任何准备而束手无策，措手不及，本来可以有转机的，却成了绝路。

如果你把事情看绝了，那么在你眼里永远没有好孩子、好学生、好员工，你将失去许多身边的朋友和有用人才。

如果你把事情看绝了，那么在你眼里到处是"不可能"，你将得不到进步。因为人类的发展与进步的过程，就是不断将一个个不可能变成可能的过程。

攒朋友比攒钱重要

——柴进仗义疏财

柴进，人称柴大官人，是位大财主。他是后周世宗嫡派子孙。赵匡胤本是后周的一员大将，曾与周世宗柴荣结拜为兄弟，他因为屡立军功，被提拔为殿前都点检，统帅禁军，掌握军事大权。公元959年，周世宗病死，7岁的太子继位，次年，赵匡胤发动了陈桥兵变，建立了宋朝。陈桥兵变后，赵匡胤对柴氏一族优而待之，敕赐柴家誓书铁券，所以无人敢欺负柴家后人。

柴进门招天下客，天下往来的好汉，常有三五十人养在家中。柴进常常嘱咐附近的酒店："酒店里如有流配来的犯人，可叫他投我庄上来，我自资助他。"

林冲是个刺配的犯人，路遇柴府。庄客给林冲托出一盘肉、一盘饼、温一壶酒；又一个盘子、托出一斗白米、米上放着十贯钱。柴进见了道："村夫不知高下，教头到此，如何凭地轻意！快将进去，先把果盒酒来，随即杀羊，然后相待。快去整治！"柴进留林冲在庄上一连住了十余日，每日好酒好食管待。林冲临行前，柴进又置席相送，赠银，又写信给沧州官员，请官员看觑林冲。林冲到沧州后，柴进又给林冲送来冬衣。后来，林冲杀了陆谦等奸贼，走投无路，又是柴进修书推荐他投往梁山泊，又亲自设计送林冲出险境。

梁山王伦当初不得第之时，与杜迁投奔柴进，柴进留他们在庄上住了多日，临行时又赠盘缠银两。

宋江杀了阎婆惜后，投奔柴进处避祸。柴进道：“兄长放心，便杀了朝廷的命官，劫了府库的财物，柴进也敢藏在庄里。”武松在清河县酒后打人致死，投奔柴进处躲灾避难，竟一年有余。武松走时，柴进又取出些金银送与武松。

正因为柴进一贯仗义疏财，因此在江湖上有极高的名望。柴进在高唐州遇难时，梁山众将知恩报恩，宋江亲率8000人马发兵救柴进。

柴进的钱多，但金钱没能救得了他；柴进有誓书铁券，也没多么大的用处，唯有一群知恩报恩的朋友，才舍命救了柴进。

从某种意义上说，攒朋友比攒钱更重要。

金钱重要吗？当然重要。社会上流传着一句话：“钱不是万能的，但是没有钱是万万不能的。”这句话反映了人们对金钱的正确态度，也反映了人们对金钱的重视。人生在世、衣食住行、赡养老人、养育子女、做事业、求生存、求发展，岂可无钱？俗话说得好：“一文钱憋死英雄汉。”好汉扬志、秦琼，怕过谁？也怕囊中羞涩。袋中无钱，上路无盘缠，住店付不起店钱，无奈之中，只得卖祖传宝刀，坐下宝马，真是“没钱万万不能”。任何一个企业，任何一个人，无不与金钱发生非常密切的关系。人们应当攒钱，没有钱，人们就会过着贫困的生活。改革开放30年，人们仓里有粮，袋里有钱，生活富裕了，心情舒畅了。钱有何罪？钱不但无罪，而且有功。

攒钱有理。人们有了钱，生活富足了，不但可以享受到越来越多的物质文明，而且还可以享受到越来越多的精神文明，受更多的教育，懂礼貌，讲文明，以此增进社会生活和谐和人类文明发展。纵观历代王朝，凡经济搞得好，人民丰衣足食的朝代，社会风尚也比较好。唐太宗时代不是有“路不拾遗，夜不闭户”之风吗？

生理需要是人类最基本的需要。人人都要饥有所食、渴有所饮、寒有所衣、住有所居，这些都是维持生命存在的基本需要。如果生理需要相对满足了，就会出现安全保障的需要，要求职业安全、稳定，需要令人满意的福利、劳保、社会保险，需要安居乐业。人们还希望有适当的业余生活、艺术享受，用以保持愉快、乐观的心情。人们为满足这些需要去赚钱、攒钱是合情合理的，也是光彩的。

但是，世界上还有许多东西是用金钱所买不到的。金钱可以买到书籍，但是买不到知识；金钱可以买到药品，但是买不到健康；金钱可以买到奉承，但是买不到敬佩；金钱可以买到美色，但是买不到爱情；金钱可以买到假朋友，但是买不到真友谊……金钱的作用是有限的。

没有钱可能会饿肚子，可能会让人因此感到自卑，但是金钱超过某种程度后，再多也都是一样。家有华屋千间，晚间只占五尺之床一张，箧有黄金万两，不过一日三餐。任何亿万富翁年老必定会死去，死后这些巨富就不再属于自己。一个人对攒钱并不值得投入人生的全部。

攒钱为什么？用于以备急忙之需吗？用于享受吗？生活好一些确实无可非议，但过度的享受可以使人丧志。许多古今中外的贤者仁人们对此早有告诫。历史上的夏桀、陈后主，都是因淫乐而沦为亡国之君。过度的享乐不但会丧志，也会导致丧失健康。

留给子孙吗？古人云“子孙自有子孙福”，何需前人操心。还是林则徐分析得精辟：给子孙留钱，子孙如果胜过我，留这些钱又有何用？人家自己能挣，不缺钱花；子孙如果不如我，留这钱又有何用，还不是早早地花光用尽。留给子孙钱，很容易使子孙贪于享乐而碌碌无为，金山银山的家当也经不起败家子无度地挥霍，《红楼梦》中大观园的贾氏子孙不是把偌大家产挥霍一空了吗？为子孙留钱不如为其留下自立于社会的本领。

有一则佛经故事，叫《公共福田》：

有一个商人，很会做生意，过不了几年，他便有了很多钱。但有了钱，却不能使他感到快乐；钱越攒越多，苦恼也日甚一日。原来，他发愁的是，偌大家财藏在何处才好呢？

商人天天都在想这个问题，把金钱埋在地下吧，会不会被地老鼠运走；藏在森林之中，那调皮的猴子会不会把它搬去；藏在深水底，水中的动物可能把它们移动；交给兄弟们代他收管，若让他们胡乱挥霍，不是太可惜了吗？什么办法都不行，商人为此伤透脑筋。他只好把钱财缠在腰间，由自己日夜保管。

一天，适逢打斋供僧的日期，寺前有一个大钵，安置在交叉路口，凡经过这里的人，都向钵中投钱，商人正好路过此地，不明白为什么人们往钵里投钱，别人告诉他说："这个大钵叫'公共福田'，如果人布施一文钱在里面，往后生生世世就可以得到大福报，所谓'舍一得万报'，受用无穷。这里的金钱是为人类谋福利的，如果把金银放在身边，钱财一多，招来外人注意，不留心就会被盗贼所窃；如果留给不肖子孙，子孙不务正业，用不多久便挥霍一空；水灾来了，钱财跟着流走；火灾来了，钱财又会被烧毁。这样子我们积钱也没有用处，倒不如把它放在宝钵里面，济贫救困。"

商人听完此言后说："我可找到真正安全收藏的地方啦！"说毕，他急急忙忙地从腰间解下金钱，统统投入钵中。

这个故事告诉人们，赚了钱要用，并且用到正地方，用到为民造福方面，赚钱才有意义。金钱与其放着，还不如让它发挥作用。金钱只不过是暂时寄放在自己身边的东西，生带不来，死带不去。"长城万里今犹在，不见当年秦始皇。"历史上的皇帝死后陪葬无数宝物，总有被后人发现挖掘的一天，宝物仍然交还给人民。柴进也知道用财之道，钱财放在家里不如仗义疏财。

钱未必攒得越多越快乐，朋友攒得多，人生才快乐。美国社会学家、《美国的社会孤立：二十年来核心讨论圈子的变化》作者之一罗文认为，从某种意义上说，攒朋友比攒钱更重要。因为朋友不仅可以给我们提供有价值的信息、资源和机会，更可以帮我们排忧解难，使我们身心欢愉，不致产生过激的思想或行为，很少会产生心理疾病。拥有知心朋友就相当于给自己构造了一道安全网。

怎么样才能攒到朋友呢。许多人抱怨自己没有朋友只有熟人，你应当自问：我主动和别人联系过吗？我关心过别人吗？朋友是相互的，而不是只求回报，不愿付出。只有你信任别人，别人才会信任你；你关心朋友，朋友自然会关心你。

反向思维出奇效

——柴进护林冲脱险

豹子头林冲雪夜杀了奸贼陆谦、富安、差拨后，喝了半瓮酒，一步高一步低，踉踉跄跄，走了不过一里路，被朔风一吹，醉倒了雪地上，被柴进的庄客捉拿，当做偷米贼拷打。柴进发现英雄林冲被吊在门楼底下，慌忙喝退庄客，亲自解下。林冲便在柴进庄上住下。

却说沧州牢城管营上报：林冲杀死陆谦、富安、差拨，放火烧了草料场。州尹闻报大惊，随即押了公文帖，沿乡村坊四处张挂，出三千贯钱赏金，捉拿林冲。林冲在柴进庄上听得风声紧急，对柴进说："非是大官人不留小人，只因官司追捕太紧，挨家搜捉；倘若寻到大官人府上，犹恐连累大官人，我要投奔他处栖身。"柴进见林冲去意坚决，便写了一封推荐信，让林冲投奔梁山泊王伦那里。但是，沧州道口，到处张贴着榜文，又有官兵把住道口，林冲如何安全出城呢？柴进心生一计。

大凡捕人风声紧急时，一般人的常规思路不外乎：

要么隐匿起来，避避风声，待过些日子风声不紧时，再设法离开。林冲住在柴进庄上，本已十分保险。莫说官府尚不敢到柴府上搜人，即便来搜，这么大的庄子藏个人太容易了。但是，林冲是条讲义气的好汉，一人做事一人当，坚决不肯再住下，此方法不行。

要么化妆，像武松那样。武松扮作行路道人，瞒过了四处把守的官兵。此方法虽可行，但柴进不似孙二娘，随手便可拿出一套极好的“化妆品”。

要么，不走城关，翻山越岭离去。但山高路险、野兽出没、无村无店，行走不易。

柴进采取了反向思维法，让林冲大摇大摆地出城关、走大道，还真走出去了。

次日，柴进备了二三十匹马，带了弓箭旗枪，架了鹰雕，牵着猎狗，一行人马都打扮了。林冲也穿上打猎的衣服，混杂在里面，一齐上马，向城外走去。城关把关的军官看见柴进一行，彼此都是熟人。军官起身问道：“大官人又去快活！”柴进下马问道：“二位官人为何在此？”军官道：“沧州太尹行移文书，画影图形，捉拿犯人林冲，特差我们在此把守，对过往客商，一一盘问，才放出关。”柴进笑道：“我这一伙人内夹带着林冲，你怎么不认得？”军官也笑道：“大官人是识法度的，肯定不会夹带林冲出城，请尊便上马。”

柴进就这样在真真假假、虚虚实实之中轻而易举地护送林冲出了城。可见，林冲得以顺利出城，一是依赖柴进一行人为其做了“包装”；二是由于柴进的逆向思维，越是不躲不藏、大摇大摆，越不容易被怀疑；越是落落大方、镇静自若，越不容易被识破。

逆向思维又叫反向思维、逆反思维，是从众人常规考虑问题的相反方向去考虑问题、认识事物，从而有所发现、有所创造、有所补充。它是一种创造型思维方式，是一种新型的求异思维。

逆向的方法，其特点是反过来想，达到异途同功。

逆向之一：把复杂的事情往简单方向想想。

有时候问题想不通，并不是问题本身太复杂，而是因为我们把简单的问题想复杂了。例如猜谜，许多谜语并不复杂，但如果非往复杂上想不可，反而不得其解，等人家告诉你谜底时才恍然大悟，哎，这么简单呀！

有一家工厂用的冲床常发生事故，易造成操作工人的手指伤残。为了解决这个问题，技术人员设计了许多方案，力图让冲床在操作工的手接触冲头时自动停车。采用过光电管、红外线、超声波、电磁波等许多复杂的检测控制手段，但由于种种原因都没有成功。一天，有个人出了一个绝妙的主意，而且非常简单，让工人坐在椅子上操作，在椅子两边扶手上各装一个开关，只有它们同时接通时，冲床才能启动。操作工两手都在按开关，不可能接触冲头，怎么会发生事故呢？

解决复杂的问题，要抛开复杂的思维，立足简单。爱因斯坦在总结他的研究时深刻地指出，科学理论就是试图把大量现象加以整理，把它们化为一种“简单的形式”，一直到我们能借助少数简单的规律来解释可能是很大量的现象。人生的问题也是很复杂的，人生应当注意的方方面面太多，也应当把人生要旨概括、简化。

逆向之二，做的事情往不做的方向想。

做了，可能做得不尽如人意，那就干脆试试从不做的方向实现目标。

一位缺了一只胳膊的残疾人到一个农妇家乞讨，农妇让他把一些砖挪挪位置。残疾人不高兴了，说：“你这不是难为人吗？你明明知道我有残疾，吃你顿饭还得替你搬砖。”农妇没有说什么，自己用一只手搬起砖来，残疾人见状十分羞愧，也干起来。几年以后，一辆轿车停在农妇家门口，下来一位老板模样的人，他对农妇说，我就是几年前的那个乞丐，今天特意来感谢您，是您当年教育了我：人应当自立。农妇帮助人的思维同样高人一筹，以“不帮”达到“大帮”的目的。

诸葛亮草船借箭，不从造箭方向想，偏从不造的方向想，反倒成功了。最初的汽车行驶时噪声较大，单调乏味的噪声令驾驶者心烦，影响情绪和注意力。人们从减噪的方向想了很多办法，工序复杂而且效果不明显。有人干脆不去减噪了，他们在汽车里安装了收音机，让优美的音乐压倒噪声，司机的心情好了，交通事故也大为减少。

经营管理上这种以“不做”代“做”的例子也不少。国际银行曾做了一条别具一格的广告，美国所有电视节目在黄金时间屏幕同时黑了10秒钟，最后只打出一行字幕：国际银行占用您宝贵的10秒。这条根本不费事的广告果然收到奇效，第二天，整个美国都在议论国际银行，使之家喻户晓。这一广告从“不做”的角度展开创意，收到比“做了”还显著的效果。

逆向之三：正面看不奏效的事情反过来看看。

有一个阿凡提的故事，说的是国王做了一个梦，梦见掉牙，便召集大臣释梦。一位大臣说：“梦见掉牙，预示着您全家人比您先死。”国王很不高兴，无人再敢妄言。阿凡提从容地走上前去，对国王说：“梦见掉牙，预示着您比您全家人长寿。”国王十分高兴，重赏阿凡提。其实大臣与阿凡提的话本意是一样的，但是大臣从谁先死的角度释梦，阿凡提从谁长寿的角度释梦，显然阿凡提找到了一个最佳的表达角度。

有两个基督教徒一起去教堂，其中一个问牧师在祈祷时能否吸烟？牧师很生气地回答：“不可以！”这个教徒闷闷不乐地退下去，另一个教徒上前问：“在吸烟时能否做祈祷？”牧师很愉快地回答：“当然可以！”这个故事告诉我们，对于一个本质相同的问题，用两种不同的问法，可能会得到截然相反的效果。

扫地是把尘土往外推，一则扬起的灰尘呛人，二则无法消除大量灰尘。有一位叫赫伯布斯的人心想，往外推尘不行，那么住里吸尘行不行呢？试验结果证明吸尘的方法是可行的，于是带有灰尘过滤装置的吸尘器诞生了。

逆向之四：把事物的缺点往优点方面去想。

我们经常面临某一事物的弊端，可是，某一种事物中的缺点，在另一种事物上可能被利用，去解决疑难问题。例如，摩擦力损耗了车轮和我们的鞋底，阻碍车辆的前行。汽车、拖拉机、自行车的轮胎上都有各种凸凹不平的花纹，避免车轮打滑。冬天汽车在通过冰冻的道路时，甚至为了增大摩擦，常在后轮上缠上铁链防滑。钢丝钳口是靠摩擦力夹紧物件的，所以钢丝钳口上都刻制着花纹。在日常生活里，常常需要把绳子打结；我们钉纽扣，把线头绕许多转，然后把线扯断，纽扣就牢牢地缝在衣服上，这也是摩擦力的应用。运用反向思维，面对弊端，利用弊端，化弊为利，这就是弊端逆用法，或曰缺点逆用法。

国外一造纸厂因未弄清配方，造成一批纸张报废，这批纸吸湿性太强，用钢笔根本写不成字，一下笔就洇成了一大片。写字洇是这批纸的缺点，吸湿性强则是这批纸的优点。有心人发现这种废品有用途，于是回忆配方，最后生产出吸水纸，这种新产品立即畅销市场。可见，任何事物若有一弊，则必有一利。

善用逆向思维，进行弊端开发，便可以转弊为利，变废为宝，从而出奇制胜。

逆向之五：出现事故时，想一想它能否变成发明。

古代，中国人、埃及人、罗马人用石灰来做建筑材料。石灰被人用了数千年，一直到史密顿遇上了倒霉事为止。英国海峡群岛的一座灯塔，突然失火烧毁了，工程师史密顿负责重建这座灯塔。当史密顿看到运来的石灰石时，不由得失声惊叫起来：“这石头怎么带有黑色，它混有太多的土质，用这种次品原料怎么能建造高标准的灯塔呢?”可时间紧迫，来不及再调运优质石灰石，只好将就着用了。不料，用这批石灰石烧出来的石灰，性能居然好得出奇，将石块黏结得特别结实。史密顿马上对这些石灰石进行了检验，结果发现这些石灰石的确不纯，其中竟含有多达 20% 的黏土，史密顿因祸得福发现了水泥的配方。

事故和发明之间存在着一种辩证关系，在许多人公认的事故中，往往隐藏着同样可以导致发明，变失败为成功，变劣势为优势的机遇，全在于一个巧字，在于思维的活跃。

逆向之六：当克难时想想，能不能以其人之道，还治其人之身。

除了上述的逆向方式之外，还有一些逆向途径：结果不太妙，要回过头来问过程，不能总在结果上纠缠。进攻不力时要在退却中找答案，也许退中也蕴藏着进。硬干不成功要回过头来想软招，用柔力，以柔克刚，反之也可——“软”的行不通，不妨来来“硬”的。

忍，既有限度，又有原则

——豹子头林冲的“忍”

英国大文豪毛姆说：“富贵者能忍保家，贫贱者能忍免辱，父子能忍慈孝，兄弟能忍意笃，朋友能忍情长，夫妇能忍和睦。”

常言道：“忍”是心上一把刀，遇事不忍心烦恼；若能忍得心头气，海阔天空看明朝。能忍方能消灾避祸，能忍方能心平气和，能忍方能立于不败之地，能忍方能转危为安，能忍方能逢凶化吉。

“忍”是中国传统文化的精华。忍，在人品上是一种涵养、一种宽容、一种大度；在处世立业上是一种人生策略。但是，什么事情都不是绝对的，忍，也须用辩证的观点看待，忍时应做到既有限度，又有原则。

“忍”字的本身探问：当刀刃对准了心口，应该怎么办？是忍还是不忍？笼统而论，“当忍则忍，当不忍则不忍”。孔子说过“小不忍而乱大谋”，这是为不乱大谋当忍；孔子又说过“是可忍，孰不可忍”，这就是无论如何也不能忍了。孔子这两句话正是辩证法。忍还是不忍，这话说来容易，但做起来却不简单。

林冲在上梁山前后做了许多忍让，有些忍得对，有些忍得不对。

刚刚出场时的林冲有自己的事业：东京80万禁军枪棒教头，虽非达官显贵，也算有头有脸的人物；他有幸福家庭，妻子美丽而贤惠。也因为如此，林冲在为人处事上安分守己，不求有功，但求无过。

林冲的第一次“忍”出现在岳庙烧香还愿。林冲娘子去岳庙还愿，林冲在外等待，遇见在相国寺看菜园的鲁智深，二人互相赏识，相见恨晚。突然林家的使女锦儿来报：“在五岳楼撞见个诈奸之人，把娘子拦住了，不肯放 。”林冲急忙赶奔到岳庙，见一人调戏娘子，林冲把那人肩胛一扳过来，喝道：“调戏良人妻子，当得何罪!”待下拳打时，认得是高俅的干儿子高衙内，先自手软了。“先自手软了”这五个字把林冲的心理活动显出来了。他必须考虑拳头落下去会带来怎样的后果。高俅是顶头上司，是惹不起的。于是林冲硬生生把拳收了回来。

《水浒传》中写道：“原来高衙内不认得她是林冲的娘子，若还认得时，也没这场事。”这说明高衙内对林冲原本有惧怕心理，林冲这么一软，高衙内就继续打林冲娘子的主意，铁了心要得到林娘子不可。高俅为了干儿子便设计陷害林冲，把林冲刺配沧州。林冲对高衙内这一“忍”，暴露出他性格上的软弱与妥协。

林冲这个“忍”不应当。面对无德之行，在哪个朝代都不当忍。林冲即便不用拳头打那高衙内，喝骂他一顿总不过分吧，高衙内今后可能会“有贼心而没有贼胆”。林冲这一忍，非但没忍出平安无事，反而家破人亡。此事若放在鲁智深、武松头上，绝对不忍。潘金莲挑逗武松时，武松就不忍，丝毫不给潘金莲面子，痛骂了潘金莲，潘金莲只得收敛。

林冲的第二次“忍”是在野猪林。高俅暗中指使押送林冲去沧州的差人在路上结果林冲的性命。在野猪林里，鲁智深救了林冲，要杀两个恶差人。林冲明知自己是冤枉的，可他还幻想着刑满释放能和家人团聚的一天，逆来顺受、委曲求全的念头再一次占了上风，他决定再忍一次。他劝鲁智深不要杀恶差人，以免“罪上加罪”。林冲对恶差人的“忍”，与武松在飞云浦对恶差人的“不忍”，形成鲜明的反差。林冲不懂狼是改变不了吃羊的本性的，果真，狼一次吃不了羊，又有了第二次。

林冲的第三次“忍”是被发配沧州以后，牢中犯人对林冲说道：“此间管营、差拨十分害人，只是要诈人钱物。若有人情钱物送与他时，便对待你好；若是无钱，将你撇在土牢里，求生不生，求死不死。若得了人情，人门便不打你一百杀威棒；若不得人情时，就一百棒打得七死八活。”林冲听了众人话后，用银子贿赂管营、差拨，免去了一百杀威棒，林冲忍让了污吏的贪赃枉法行为，这不能说林冲没有英雄的骨气，因为这一百杀威棒受得太不值，这不是在战场上与敌人拼杀，而是无谓的牺牲。没有人为此笑话林冲没有英雄的骨气。

古人言：“举大事者，不计小怨。”纵览古今，大凡志向高远，成就大业之士，都善“忍小”。韩信能忍小，忍受了胯下之辱，恰恰显示了英雄本色。后人谈及此事，无不赞扬韩信乃伟丈夫。倘若不忍小，韩信哪里还有后来的拜将封侯，建功立业？杨志不肯忍小，杀了泼皮牛二，结果吃了官司。

林肯总统为“忍”字做了幽默的注脚：

“宁可给一条狗让路，也比和它争吵而被它咬一口好。被它咬一口，即使把它杀掉，也无济于事。”

沧州府上的管营、差拨不就是两条“狗”吗？给它让路又何妨？

林冲的第四次“忍”是在初上梁山时，受了王伦那么多窝囊气，林冲忍让了，坐了第四把交椅，排在没什么本事的王伦、杜迁、宋万之后。一个武艺绝伦的八十万禁军教头受到如此不公正的待遇，林冲忍了，当忍。林冲的逆来顺受是“权且低头”。林冲身患大难，已走投无路，不得不低头。不低头难道去断头吗？

有人认为低头有损人的尊严。低头与尊严是两回事，你说胯下受辱的韩信没有尊严，还是忍辱负重的司马迁没有尊严，他们的低头反而显现出更高贵的尊严。整天梗着脖子，被撞得头破血流那不叫尊严，那叫“死心眼儿”。人生要历经千门万坎，有的大门并不完全适合我们的躯体，有时甚至还有人为的障碍，我们可能要不断地碰壁。若一味地讲“骨气”，到头来，不但被拒之门外，而且还会撞得头破血流。

策略上的低头叫“权且低头”，林冲对王伦低下的仅仅是一个头，腰杆还是挺直着的，并不放弃自己的人生价值、道德准则和人格尊严。之所以低头，是为了“留得青山在，不怕没柴烧”，为了来日方长，为了笑到最后。

林冲也有两次该不忍时而不忍。第一次是他在草料场里，安心服刑，仍然对未来的生活心存幻想。直到高俅派人来谋害他，矛盾终于激化，他才彻底清醒，忍无可忍，在山神庙外手刃了仇人，雪夜上了梁山。第二次是在梁山泊上火并王伦，怒斥王伦的关门主义：“这梁山泊便是你的?”这时，好汉林冲的人格、尊严完全显现出来。

忍辱对否？不可一概而论。如果忍辱去当狗作奴，为了一口残羹剩饭而活着，可耻！如果忍一人之辱为全民之福，忍一时之辱为大局之成，小忍而不乱大谋，可赞！

不忍对否？也不可一概而论，如果面对民族歧视，面对危害国家、民族、人民、集体利益的言行，是绝对不能忍的。

约束太过事不顺

——林冲去枷展手脚

林冲在发配沧州的路上，被柴进接到庄上，柴进设盛宴款待林冲，正在饮酒闲聊之时，有庄客来报："教师来了。"柴进道："快请来一起相会。"林冲起身看，只见那个教师歪戴着一顶头巾，挺着胸脯，来到后堂。林冲寻思：庄客称他为教师，必是柴大官人的师父。于是急急躬身道："林冲谨参。"那人不理不睬，也不还礼。柴进指着林冲对洪教头说："这位是东京八十万禁军枪棒教头林冲。二位请相见。"林冲听了，看着洪教头便拜，那洪教头却不躬身答礼。柴进看了，很不满意洪教头的无礼举止。

洪教头问柴进："大官人今日何故厚礼款待配军?"柴进道："这位非比其他，乃是八十万禁军教头。"洪教头瞧不起林冲，一下子跳起身来叫："我不信他，他敢和我使一棒看，我便道他是真教头。"林冲本不想比棒，无奈柴进执意让林冲与洪教头比，只得答应了。

此时明月高悬。两位教头在地上交手，使了四五回合棒，只见林冲突然跳出圈子，叫一声："少歇。"柴进问林冲为什么不使出本事来，林冲却说小人输了。柴进不解，说未见二位较量，怎道便是输了。林冲说："小人只多了这具枷，因此，权当输了。"柴进道："是我一时疏忽，这个容易。”柴进给了两个公人十两银子，开了林冲的枷具。林冲手脚伸展开了，亮出本事，只几棒就把洪教头打倒在地。

管理当然需要“管”。但是，如果管的人干得多，而被管的人却干得少，这种“管”就有问题了。

先谈对子女的“管”。

大学者钱钟书教女有方，奉行“不教”主义。他常说：“教子不可太严。”他对女儿钱瑗从不严加责备，也不确定所谓的“目标”让她去登攀，而是任其自然。在学习上，也不是手把手教，遇到难题，给她十几部词典，叫她自己去查，实在遍寻不得，钱老才给予指导。这反而造就了钱瑗极强的自主性、独立性。钱瑗后来留学美国，治学严谨，学有所成，颇有父风。钱钟书这种教育方法给她以指导、等待和激励，管得少，女儿却学得很好，很有作为。

反观我们的不少家长，从来都是用自己的意志来主宰子女的一切，家长不是顺其自然，而是用自己的意志规定孩子该干什么，不该干什么，必须弹钢琴、学舞蹈、画画，必须按着父母的规定一步一步地走，去成龙、成凤。我们不少家长，信奉“严师出高徒”、“棒下出孝子”那一套，对孩子期望值过高，要求过严，成绩必须确保前几名，中学要上“重点”，大学要上“名牌”，孩子们从小就被套上沉重的精神枷锁，学习负担重、书包重，精神压力大，完全丧失了天真烂漫、活泼稚气的本性，简直成了“小老头”。

管理孩子应当不松不紧。抓得太死、管得太多、看得太紧，孩子就没有了活力和主动性，容易变成没有个性、没有独立思想的驯服的“工具”，不像是个孩子。在“高压”政策下，孩子的天性被扼杀，性格被扭曲，犹如一根弹簧，超过了弹性限度，必然断裂，孩子就可能会受到伤害。孩子毕竟是孩子，自制力差，完全不管，完全放任，对大多数孩子来说，恐怕也行不通。既要管，但又不能太严、太死。

管理孩子的最高境界是培养孩子自己管理自己的能力，最有效的方法是“目标”管理法：给个方向，订出目标，放手放权。

当孩子是孩子时，应当把他们看成是孩子，不能抹煞他们的童心和天性。当孩子已经长大成人，不应把他们还当成孩子，不要替他们设计人生，不要一步一步地发号施令，让他们自己展翅高飞闯天下。

有些企业领导人认为员工就是孩子。孩子很小的时候，什么都不懂，什么都得让大人操心，一举一动都得让人管着，不管就会出事。“员工=孩子”的观念，强调规则和约束，压制了员工主动性和创造力。如果总是把员工当作孩子，那么员工就会像孩子一样不成熟，太幼稚，不能独当一面，不能信任，不能让人放心，即使授了权，也受到一定的限制。诸葛亮对待部下就如同对待孩子，什么都不放心，怕部下干不好误事，所以自己尽量多干，把本该部下干的工作也包办起来。这种观念既累死了诸葛亮，又使蜀国人才缺乏。

法国企业家塔威尔说：“年轻人不但希望自己的尊严得到承认，而且还要求他们的工作有一定的自由。对他们来说，最令人讨厌的是，他们觉得自己像个机器人。”

何止年轻人，几乎所有人都不愿当机器人，机器人只是机械地操作，哪有什么人性。有的人就是把下属当作是机器人，不顾部下的自主权，一个指示接着一个指示地发布，要求部下百分之百地遵循，使下级人员工作的自由度等于零。部下的能动性被死死地束缚住，积极性日复一日地递减，而且还会觉得上级不信任自己，产生消极和不满情绪。遇到突发事件，则不敢做主，从而造成损失。这种“管”法，看似有为，实则无为。

道家主张的“无为”不是无所作为，而是与“有为”不同的另一种“为”。这个“为”，按我们对道家的理解，就是从事物的规律性出发，做事应遵循规律，不强为、不做作、不自寻烦恼。无为即顺其自然。“无为而治”即化有形为无形，顺其自然，不露痕迹。管得少，但大家干得多，干得好；管理少，但老百姓安居乐业，国强民富。对于个人来说，无为即不争名利，落个一身自由，无牵无挂无烦恼，顺应规律地做人做事。

约束太过，人的个性就不可能充分地发挥出来，人的聪明才智就不可能发挥得淋漓尽致。人是有意识、有思想、有性格、有自觉、有理想的。当一个人主动地、自觉自愿地努力追求目标，积极地去办某一件事时，手脚会舒展开来，思维会开阔起来，事情就会做得更好一些；如果被动地去办事，手脚就放不开，事情多半不顺利。

管得少不等于不管。松下幸之助有一条“交给他又不交给他”的原则。工作交了下去，但还挂怀于心，要求下属提出报告，遇到困难时予以指示和鼓励，但是不要过分插手。对下属正常进行的工作，在某种程度上要睁一只眼、闭一只眼，这样才有利于发现和培养人才。只有当看到他即将“脱轨”的时候，才严格注视，及时干预。无为而治，“使众智”、“使众能”、“使众为”，让他人忠诚地帮助自己，从而达到“十项全能”。这样，自己既不需要殚精竭虑，事情办得又比自己亲身去办强得多，从而达到“有为”的高超境界。

容人之长更需大度量

——林教头火并王伦

林冲雪夜上梁山。梁山首领王伦拆开柴进的举荐信，便请林冲坐第四位交椅，排在王伦、杜迁、宋万之后。

王伦寻思："我是个不及第的秀才，因鸟气，合着杜迁来这里落草，续后宋万来，聚集这许多人马伴当。我又没十分本事，杜迁、宋万武艺也平常。林冲是京师禁军教头，必然好武艺。倘若被他识破我们手段，他若占强，我们如何迎敌。不如推却事故，发付他下山去便了，免致后患，只是柴进面上却不好看，忘了日前之恩，如今也顾他不得。"

当下,王伦请林冲赴席,将要终席时,王伦叫小喽罗托出五十两白银、两匹纻丝。王伦道:"小寨粮食缺少,屋宇不整,人力寡薄,恐日后误了足下。略备薄礼,请寻个大寨安身。"王伦非要撵林冲走。朱贵、杜迁、宋万都劝王伦收留林冲,王伦于是给林冲出了个难题,让林冲三日内下山杀一个人,将头献纳,直至林冲大战过山的杨志后,王伦这才肯教林冲坐了第四把交椅。

晁盖、吴用等七雄劫了生辰纲，大闹了石碣村，投奔梁山泊入伙。王伦心胸狭窄，怎肯容纳七雄。晁盖和王伦盘话，但提起聚义一事，王伦便把闲话支吾开去。王伦对晁盖说："敝山小寨是一洼之水，如何安得许多真龙。烦投大寨歇马。非是敝山不纳众位豪杰，奈缘只为粮少房稀，恐日后误了足下，因此不敢相留。"好汉林冲此时再也忍耐不住了，林冲大喝道："前番我上山来时，你也推道粮少房稀。今日晁兄与众位豪杰到此山寨，你又发出这等言语来。是何道理?"林冲拿住王伦，骂道："你是一个林野穷儒。柴大官人这等资助你，周给盘缠，与你相交，举荐我来，尚且许多推却。今日众豪杰特来相聚，又要发付他们下山去。这梁山泊便是你的？你这嫉贤妒能的贼，不杀了要你何用！你也无大量之才，也做不得山寨之主!"林冲杀了王伦。

王伦因为妒心太重，容不得林冲之长，又容不得晁盖等七雄之长，最终被林冲火并而亡。宋江就不大同了，宋江有容人之度，那一百零七员好汉，个个身手不凡，各怀绝技，宋江不但容之，还好生相待，那一百零七员好汉谁不服宋江？战国时期魏国的庞涓容不得孙膑之长，变着法儿地害孙膑，最后在马陵道战役中被孙膑打败，终至自杀身亡。不能容人之长，不但葬送事业，也会被天下人耻笑，毁了名声。

容人之长更需大度量。容人之长难于容人之短。容人之短，既能体现自己的宽宏大量，又使有短缺者感恩戴德，两全其美。而容人之长却不同了，因为"珠玉在侧，觉我形秽"。

容人之长更需大涵养。18 世纪的法国科学家普鲁斯特和贝索勒是一对论敌，他们对于定比定律争论了 9 年之久，各执一词，谁也不让谁。最后，普鲁斯特以胜利而告终，成了定比定律的发明者。普鲁斯特真诚地对曾激烈反对过他的论敌贝索勒说："要不是你一次次地质难，我是很难深入地研究下去这个定比定律的。"同时，他向公众宣告，发现定比定律，贝索勒有一半的功劳。普鲁斯特容人反对，充分看待论敌的长处，并吸收其营养，这种宽容让人感动。

容人之长，特别是敢于、善于任用才能高于自己的人，必然会使四方人才汇集麾下，使事业发达，同时，名声大振，形成"孟尝之风"。人抬人高，水涨船高，用人者容人之长，会越发受到下属的敬重。与此相反，一个嫉妒心重的人会使同僚不睦，使伙伴相拼，使下属难安。容人之长，不仅是用人观念的体现，更是道德品质的升华。古代有诸多尊才敬贤的典范，像鲍叔牙荐管仲，徐庶荐诸葛，诸葛荐庞统，萧何追韩信，这些容人之长的典范万古流芳。

国外一家大公司的总裁，有一天召集中层领导开会，他拿出大、中、小三个木偶，说："如果我是这个大木偶，你们是这个中木偶，你们的部下又是这个小木偶，那么我们的公司就是这个小木偶。"这一生动的比喻清楚地说明了一个道理，用多高的人才，企业就有多大的实力。

北京某文化传播有限责任公司一则招聘启事写得好：

如果我们只雇佣比我们小的人，

我们将变成一个侏儒公司。

如果我们雇佣比我们大的人，

我们将会成为一个巨人公司。

美国钢铁大王卡内基是一个有智慧的人，因为他容人之长，他把自己成功的秘密留在了他的墓志铭上："墓里躺着一位知道用比自己能力强的人来为他服务的人。"

是金子到哪里都能发光，是人才到哪里都能大展宏图。因此，受损失的反而是不能容人之长的人。

容人之长不容易，因为一些有才能的人常有傲气，所以要容人之长，还需容人之傲。有些历来喜欢惟命是从的人，一见"傲慢无视"之态，怒气便油然而生，他们不懂得"良弓难能，然可以及高人深；良马难乘，然可以任重致远；良才难令，然可以致君见尊"。一般才高识远之人，往往个性独特。他们看问题透彻并有远见，技艺超人，说话处事不随大流，有独到之处，有时不分场合出"狂言"、行"狂举"。但是，绝不能因此而不接近他们、不重用他们。闲居隆中的诸葛亮，虽"躬耕陇亩"，但常论晏婴，自比管（仲）乐（毅），高唱“大梦谁先觉，平生我自知”。那桃园三兄弟三顾茅庐，雪天跑空路，两吃闭门羹，这诸葛亮“狂傲”得够可以的了，然而刘备忍之容之，但也使刘备三分天下有其一。

容人之长不容易，因为能者都有功，常会“功高盖主”，所以还需容人之功。亚柯卡是一位高才，在福特公司总经理的位置上干了8年，为公司净挣35亿美元立下大功。亚柯卡功勋卓著，在公司内外获得一片赞扬声。亚柯卡干得越好，他的上司福特越怕亚柯卡“功高盖主”，他的妒火越旺。对亚柯卡深信的每一件事，福特都竭力攻击，最后将亚柯卡解雇了。福特不能容人之功，受损失的反而是福特，他赶走了亚柯卡，大大削减了自己的力量，5年后公司易手。

容人之长不容易，因为一些有本事的部属常有正义之言、正义之行，有时可能伤及到领导者本人尊严和利益，所以还需容人之正。正气有时伤尊。容不容？许多领导人伤利可以，伤尊是万万不行的。正气有时伤亲。容不容？诸情之中，亲情为重，伤亲即如伤己，非一般人所能容。对伤尊、伤亲的正气能够给予理解和支持，这就是容人之正。领导若能容人之正，何愁人才不尽力而效！

容人之长不容易，因为一些有才能的部属常会进谏。有的领导者“议事议人则可”，一旦议及自己，则恼羞成怒，风流大度之气一扫而光；有人自尊心太强，谏者态度和缓，尚可接受，而一旦态度激昂，则难以接受，所以，还需容人之谏。拥有权力的人，常常自以为自己是全能，于是不自觉地沉溺在这种“全能感”之中。一旦执迷于“全能感”，就会听不得进谏之言，容良口诤言易，容苦口诤言难。容人之诤，必得有服“良药”之耐心，听直言之诚意。良药虽苦口，但能治病；直言虽逆耳，但能治“过”。“直言者，国之良药也；直言之臣，国之良医也。除肤疡，不除症结者，其人必死；称君圣，谪百官过者，其国必亡。”

多点惶恐感就会少出点差错

——黑旋风惹是生非

什么都不怕的人，干事情不顾后果，常常惹是生非。梁山泊上的李逵天不怕地不怕，虽然打仗勇敢，不惜命，不怕死，但惹事、误事不少。在江州琵琶亭到张顺的渔船抢鱼，把人家整船活鱼放跑了。在江州劫法场，只顾自己痛快，见人就杀。晁盖对他叫道："不干百姓事，不要只管伤人！"李逵杀得性起，根本就不听，仍旧不管百姓还是官兵一斧一个。三打祝家庄时，人家扈家庄扈成已经与梁山讲和，成了同盟军了，李逵仍照砍不误。与戴宗一起下山请公孙胜时，李逵又斧劈罗真人。为让朱仝上山，李逵又杀了小衙门，可怜一个小娃娃，何罪之有，竟成了冤魂。与燕青下山偏听谣言，头脑连想都不想，上山就砍倒了杏黄旗。打起仗来，总是光着膀子，拿血肉之躯去碰人家的乱箭，所以总是受伤。

李逵这种无所畏惧不足称道。如果我们每个人都像李逵一般，绝无安定的社会。燕青下山去泰安寻任原相扑，李逵私自下山跟随燕青。燕青相扑得胜回山，却又寻不着李逵，原来李逵手持双斧，直到寿张县，在县里走到东，走到西，吓得大人跑，孩子哭。李逵回山后，宋江骂他："你这厮忒大胆！不曾让我知道，私自下山，这是该死的罪过！你到处惹起事端，今日对众弟兄说过，再不饶你！"

人生在世，既要有所敢，同时又要有所怕，像李逵那样只有所敢，毫无所怕的人就会为所欲为、硬碰硬撞，最后碰得头破血流。敢，要用在对事业的大胆开拓，对正义的敢于捍卫上；怕，应当用于对自己的正确估计，对自我的严格要求，对事业的责任上。

为官应当有迎战的胆略，不畏工作上的困难，一马当先、为民除恶，保一方平安。为官也应该有害怕的谨慎。为官应该怕什么：

为官应当怕居高而头晕，因失控而滥用权力。为官应当怕铜臭，钱虽然是一个好东西，但金钱过多，也会给你带来许多麻烦、不幸，甚至危险。为官应当怕虚名，人的出名该靠成才，斗大虚名不值钱，遇一阵风就会被吹得无影无踪。为官应当怕盲目跃进，急于求成，凡过度必犯大错误，必将造成国家、人民、企业的严重损失。为官应当怕愧对后人，莫吃子孙的饭，莫给子孙造孽，莫损害子孙后代的生存环境。有些人什么事都敢干，什么话都敢说，多重的红包都敢拿，结果是浑身是胆、胆大妄为、贪赃枉法，给党和人民造成了很大损失，自己也身败名裂。

后汉杨震任东莱太守时，昌邑令王密深夜揣金相赠，杨震拒之。王密说："天黑无人知晓。"杨震说："天知、地知、你知、我知，何谓无人知晓?"正因为杨震 一种"何谓无人知晓"的惶恐意识，所以才一生清白，自律自控升华了他的人格。

文人作家也应该有所怕。据史载，欧阳修在写《醉翁亭记》时，开头写滁州四面有山，写了几十个字。初稿写成后，他觉得不满意，又反复修改。一连改了几次，最后改定时，只剩下"环滁皆山也"五个字。他的夫人见他改得非常辛苦，便劝他不必自讨苦吃。欧阳修却说："文章不改好，我怕给后人留下话柄啊。"

当代著名作家秦牧生前也曾表露出自己的"害怕"心态。他曾说："我们这个世界，多的是'四舍五入'的事情，处在'五入'状态的人，赢得的常常有相当部分只是虚名……当人们称赞我的时候，我觉得心虚甚至害怕，觉得名实不符，名过其实。”

欧阳修、秦牧的“怕”，怕的是文章达不到水准，怕因此贻误后人，怕自己名不副实，空有虚名。他们的“怕”显示的是一种胸怀和品质。激励自己精益求精，正因为有此“怕”字，他们才留下了一篇篇不朽的传世之作。

每个人所处的岗位不同，各人都有各人应该害怕的东西。农民撒下种子，担心秋后的收成，所以早出晚归，精心伺弄庄稼；工人制造产品，害怕发生质量问题，所以不敢丝毫大意；法官害怕判错了案，所以总是小心又小心，谨慎再谨慎；再就业的人怕下岗，所以珍惜这份来之不易的工作。

懂得害怕是一种人生境界，它可以催生一种力量。怕为官不廉，从政不勤；怕危害国家，触犯法纪；怕治学不严，求学不精；怕教学浅薄，误人子弟；怕对长者不尊，对子女不诚。如此之“怕”，是为奋勇前进踢开羁绊，是为抗御邪恶构筑堤坝，是为加强人生的修养，是为辉煌人生的价值。“怕”，可以促使一个人对事业的追求更加执著。

自信与自卑相比，当然是自信好，自信助人成功。人们赞美自信，贬低自卑。但是，千万莫将自信、自卑的评价绝对化。自信中有不合理的成分，自卑中也不乏有合理的成分。一个人不难走向自信，因为人的天性中有一种自恋和惟我独尊的基因。这种基因使我们自以为是，听不进别人的意见。但自恋、惟我独尊是消极的东西，容易使人堕入狂妄的烟云之中，所以自信不可过度。其实自卑也是一种力量，成功者离不开适度的自卑，自卑使人们认识到自己生命的不完善、不完美，而保持一种谦和的心态，自卑使人变得有所敬畏，心存“怕”字，从而使自己得到保护。人生的很多问题都是因为无所畏惧而起的：如贪官的手伸得很长、奸商泯灭天良牟不义之财，这些人的确没有自卑感，然而，没有道理的“自信”却毁了他们。人生仅有自信是不够的，还需有点自卑，有点怕感，用自信寻找道路，用自卑探照人生的黑洞。

人生在世，做官也罢、作文也罢、为民也罢，多点惶恐就会少出点差错。

不公平感令人心理失衡

——黑旋风心生烦恼

宋江上梁山以后，又下山接了老父宋太公。晁盖设宴庆贺宋江父子团聚。公孙胜心里一动，也要求还乡去看望老母，以免老母挂念悬望。于是，众好汉一齐下山到金沙滩，送别公孙先生。

众头领刚要上山，只见黑旋风李逵放声大哭起来。宋江连忙问道："兄弟，你为何烦恼?"李逵哭道："生气！今天这个去接爹，明天那个去探娘，偏我是土掘坑里钻出来的。"晁盖便问道："你如今想怎么呢?"李逵说："我只有一个老娘在家里。我哥哥在别人家做长工，怎么能养得我娘快乐？我要去接老娘来这里快乐几时也好。"

晁盖道："兄弟说的是。我差几个人与你同去，接了上山来，也是十分好事。"宋江怕李逵路上出事，便道："使不得。李家兄弟生性不好，回乡去必然有失。如果让几个人与他一起去也不好。况且他性如烈火，在路上必有冲撞。他又在江州杀了许多人，哪个不认得他是黑旋风？倘若有疏失，路程遥远，山寨如何得知？不如你且等过几时，打听得平静了去接也不迟。"

李逵听罢又不愿意，焦躁地叫道："哥哥，你也是个不平心的人。你的爹，便要接上山来快活；我的娘，就由她在村里受苦，这不是气破了我的肚子！”话说到这个份上，宋江只得同意李逵回乡接母。

李逵追求的是一个公平，大家都是弟兄，理应各方面待遇一样，倘若不公平，他心理上就不平衡，就不高兴。宋江在山寨上也是实行平等原则，没偏没向，大家都是大碗喝酒，大块吃肉，不分尊卑贵贱，情同手足。宋江不让李逵立即回乡接母，不是不平等待人，而是考虑到实际情况，怕李逵出事。

人们常把“三公”放在一起说，即公开、公正、公平。公开容易理解，就是把事情摆在桌面上，透明、不掩掩盖盖，置于大家的监督之下。公正，即依法办事，对任何人一视同仁，不偏不倚、不徇私情，像包公办案那样。那么，何为公平呢？有人认为公平就是平均，非也！

公平与平均不能画等号。我们讲究公平，可不是像托儿所那样，排排坐，分果果，一人一个。梁山寨中遵循的平等原则，在他们眼里认为极其合理，但是按现代管理学理论、行为科学的观点看来，平均并非公平。

开发部的张工发明了一种新产品，在大家的配合下，新产品上市了，市场反应很好。公司给开发部发了一笔奖金，部门经理考虑到张工在新产品开发中的特殊贡献，给张发了2000元奖金，给其他人每人发了1000元。经理认为这样挺公平，没有搞“平均主义”，体现了“多劳多得”的原则。大家倒是没什么意见，谁知张工却感到心理上很不平衡，嘴上没说什么，工作劲头可不大如往前了。他觉得他为了新产品开发，从调研、设计、画图、试验、试制，到批量生产，投入了极大的精力，废寝忘食，而其他人投入的精力少得多，他想不通为什么他的奖金才比别人多1000元。

经理认为奖金发放公平，体现了多劳多得的原则。张工认为不公平，没有体现多劳多得的原则。这公平不公平应当有一个客观标准，总不能公说公有理，婆说婆有理。

美国心理学家亚当斯在1965年提出了公平理论，就是要解决公平的标准问题。公平理论指出，一个人所得到报酬的多少与其积极性的高低并没有直接的必然联系，只有他所付出的劳动与其所获报酬的比值，与同等条件下的其他人相比较，主观上感到是否公平，这才会真正影响员工的积极性。

亚当斯提出的公平比较公式为：

$$\frac{个人的报酬}{个人的贡献}=\frac{他人的报酬}{他人的贡献}$$

公式表明，当人们感到自己所得报酬与投入之比值，与他人的这种比值相等，或差不多时，就认为公平，就能心平气和，心情舒畅，努力工作。相反，当他发现，自己所得报酬与投入之比小于他人的这种比值时，就会产生不公平感，从而对工作造成消极影响，并且会产生挫折心理，义愤心理，甚至破坏心理、仇恨心理。

何为不公平？例如，谁都知道“搞原子弹的不如卖茶叶蛋的”是绝对不公平的。那么，搞原子弹的等同于卖茶叶蛋的就公平了吗？同样是不公平的。二者对社会的贡献有天壤之别，为什么待遇一样呢？这不合理。再进一步说，搞原子弹的比卖茶叶蛋的收入高公平不公平呢？也未必公平，还要看收入高多少了。这就是“公平原理”所指出的投入产出比的问题。

1923 年，美国福特公司的一台大型电动机因故障停转，公司所有工程师花了 4 个月都没有查出事故原因。后来，公司请了德国科学家斯特曼斯前来帮助解决。斯特曼斯在电动机旁搭个帐篷听电动机发出的声音，两天后登上梯子上下测量一番。便在电动机上某处画了一条线，对公司经理说：“打开电动机，把做记号处的线圈去掉 17 圈，电动机即可正常运转。”人们照此办理，果然修好了电动机。斯特曼斯提出要 1 万美元酬金，有人生气地说：“划一根线要 1 万美元，这是勒索。”斯特曼斯淡淡一笑，提笔在付款单上写道：“用粉笔画一条线，1 美元；知道在哪里画，9999

美元。”

这个故事很能说明公平原理。斯特曼斯为了发现故障之所在，两天两夜呆在电机旁，这自然也是劳动，也很辛苦，也应当付酬，但即便按两天再加两个夜班付酬，或再加点奖金，也不能称为公平。斯特曼斯知道在哪里画线的价格，并不是举手之劳，而是长期学习、钻研、实践的结果。在这个过程中，他要做金钱、时间、精力、体力的付出。他收取 1 万美元酬金，其中就有对过去学习、钻研、实践所付劳动的补偿，如果说过去的是投入，那么现在的 1 万美元就是收获，斯特曼斯画一条线，其贡献超过公司所有工程师 4 个月的劳动，拿 1 万美元是公平的。

留住人才，就不能让他们吃“大锅饭”，搞平均主义。唐朝的大文学家韩愈在《杂说》一文中曾以千里马为喻，阐明这个道理。千里马跑得快，贡献大，就需要精心喂养，使之吃饱、吃好，力气充足，才能日行千里。万不可把千里马和平常马一样看待，一样喂养，吃“大锅饭”。当一个人感到不公平的时候，他的积极性和主动性就会受到很大影响。分配不公平会带来不少消极因素。

吃大锅饭，一人一勺，绝对不是公平；简单地分个一、二、三等，也不一定是公平。虽然绝对的公平是不可能做到的，世界上哪里有什么“绝对”的东西呢，但总不能差得太多吧。

信息须判断鉴别

——李逵大闹忠义堂

李逵和燕青下山，夜宿刘太公庄上。当夜只听得太公太婆哽哽咽咽地哭了一夜，李逵被哭声搅得心焦，一夜没有睡着。好不容易等到天明，跳将起来，便向厅前问道："你家什么人哭了一夜，搅得老爷睡不着?"刘太公听了，只得出来回答："我家有个女儿，年方十八岁，被人强夺了去，所以十分烦恼。"李逵问夺他女儿的是什么人，太公道："我若说出他的姓名，惊得你屁滚尿流，他就是梁山泊头领宋江，有一百零八条好汉。"李逵又问他是几个人来的。太公说，两日前，宋江和一个年纪小的后生，骑着马到庄上来。我听说他们是替天行道的人，因此叫女儿出来把酒，吃到半夜，两人就把我女儿夺了去。李逵听了太公之言后大怒，信以为真，大骂宋江原来口是心非，不是好人。燕青道："宋江哥哥不是这样的人，一定是依草附木、假名托姓的坏人在外面胡做。"李逵不信，回到梁山忠义堂前，睁圆怪眼，拔出大斧，砍倒了杏黄旗，把旗上"替天行道"四个字扯个粉碎。

为了辨明真伪，宋江、柴进与李逵同下山让刘太公辨认，满庄的人都说不是他两人，李逵才知错怪了宋江，于是回山寨后负荆请罪。后来，奉宋江之令，李逵、燕青又下山捉住了冒名顶替的强盗，这是后话。

李逵是条好汉，他嫉恶如仇、不徇私情，但是头脑过于简单，听风就是雨，对信息不分析、不辨别，轻信盲动，在梁山泊功劳也大，错误也多。八方信息入耳，自然有真有伪，怎么能不动脑子辨别、筛选一下呢？

在现代化工业生产中，信息和物质、能源并列为社会经济发展的三大要素。人们称信息为“无形的财富”，信息与企业的关系十分密切，二者呈现着一种明显的、直接的关系。一条信息可以救活一个濒临破产的企业，一条错误的信息也可以导致一个蒸蒸日上的企业迅速下滑。科学技术的进步和社会的发展，使得信息数量急剧增加，要在浩如烟海的信息世界中为决策找到灵敏、正确、有利的信息，就必须对信息进行整理、鉴别、判断、加工。

获取信息与加工、处理信息是两个相连的阶段，收集不到信息，无法加工；对捕获到的信息不研究、不处理、不判断，拿来就用，很可能因接受了过时或错误的信息而酿成大错。对收集到的信息要进行判断分析，把那些过时的、错误的信息清除出去。对于收集到的信息不加分析地相信和照办，很可能在市场经济的大海中翻船。有些信息过去是准确的，现在也变成不准了；有些信息，对别人合适，对自己就不合适，所以对信息一定要认真仔细选择、鉴别。

即便是正确的信息，在传递过程中失真的现象也不少见。

一种情况是传递工具的障碍。言语毕竟不是思想。由于人们的语言修养不同，就是同一思想的人，有的人对事物表达得很清楚，有的人表达就让人听不明白。如语言含混不清、措辞不当、空话连篇、丢字少词、文句松散、句子结构别扭、用了土语方言等，都有可能导致信息传递不准或错误。

一湖南生意人在北方某城市的一个批发市场，找到了自己要采购的商品——小锡壶，十分高兴，他立即用流利的方言问道：“小锡壶多少钱一个?”三位年轻貌美的售货女士一听这人问:“小媳妇多少钱一个”,立即竖眉瞪眼骂道:“流氓。”“六毛?太便宜了,全都要了。”这一段笑话就因为湖南方言“小锡壶”与北京方言“小媳妇”的谐音。

第二种情况是在信息传递的过程中,常常受到人的认识、需要、情感、态度、兴趣等影响而走样。对于某一种信息,人们往往根据自己的愿望去理解,采取“各取所需”的态度,有的还添枝加叶,造成歪曲。人们在接受信息过程中,常常喜欢根据其主观判断去推测对方的意图和动机,猜测对方的“言外之意”、“弦外之音”。这样也可能歪曲事实,产生误会。

第三种情况是人格特征往往妨碍信息传递的准确。品格高尚的人传递的信息,人们容易相信,乐于接受;反之,品格低劣的人所传达的信息,人们往往不轻易相信,甚至采取排斥的态度。其实,这种以人辨信息真伪的做法是不可取的,也不科学。

第四种情况是在现实生活中,有些下级向上级反映情况,只报喜、不报忧、夸大成绩、缩小问题,甚至欺上瞒下。有的人出于个人目的,千方百计迎合接受者的口味,投其所好。这样传达到接受者耳中的信息往往几经“过滤”或者是被掺进了大量的“水分”。

第五种情况是信息传递层次过于复杂,会造成信息流失与失真。信息传递的层次越多,失真的可能性越大。

在信息过剩、地球变小的今天,学会判断、训练判断,是当代人的一个极为重要的需求。判断,是思维的基本形式之一。判,就是批判和否定,在一系列方案或信息中否定不好的,从而把自己的思维归入了“否定之否定”的辩证范畴。断,就是决断和决策。利用正确的信息,由感性上升到理性,运用概念进行推理、分辨和选择。缺乏判断力的人,在是非、真伪、行止、进退面前不知所措,不知道该干不该干;或者“这山看着那山高”,见异思迁、频繁跳槽,或者是面对一系列机会却挑花了眼,放走了最好的机会。

判断就是分辨。现代人倘若不会分辨，分辨不出当前“热点”的对立面是什么，分辨不出与“现在”不远的“将来”是什么，分辨不出市场需求中十分细微的差异是什么，那么只能随大流，跟着大家后面跑，或者跟着大家一块挤独木桥过河。学会分辨，才可能去否定其一而肯定另一，实现判断。

判断也是选择。我们能够得到尽可能多的信息，报刊上的、广播里的、统计表格内的、闲谈碎语中的等这么多的信息，你不仅要会分辨它们的差异，还要会选择。在如今这个信息过剩的时代，把经过筛选的信息再经过科学处理，才能为决策提供可靠、翔实的依据。

市场竞争，十拿九稳的事不多。如果有一半的成功机会，就该决断，干起来后再充实那另一半机会或条件。在竞争中，无时无刻都可能产生突发事件、紧急状态，不容三思而后行，必须学会迅速判断。

世间最容易的事是坚持，最难的事也是坚持

——戴宗戏弄黑李逵

高唐州知府高廉以法术胜了梁山泊，吴用认为除非让人去蓟州寻请公孙胜来，别无他法破高廉。戴宗会神行，寻请公孙胜的任务当然非他莫属，但是他希望有一同伴随行。李逵自告奋勇。戴宗说："你若要跟我去，须要一路吃素，都听我的言语。"李逵道："这个有甚难处，我都依你便了。"

李逵这人，用现代心理学理论说，属于多血质气质类型，豪爽、反应迅速，但是忍耐力差。李逵嗜酒如命，爱吃肉，所以，每次下山办事，宋江、吴用都千嘱万叮，不许喝酒，不许惹事，李逵最初几日往往还能忍得，时候一长就耐不住了，喝酒、惹事，也都不顾及了。李逵属于那种恒心比较差的人，对自己"不喝酒，不惹事"的允诺常常是"一暴十寒"。

李逵与戴宗二人取路奔蓟州来，走了二十余里，李逵要求买碗酒喝了再走，还想吃肉。戴宗不依。两人又走了三十余里，寻着一个客店歇了。李逵端来素饭素汤到房里让戴宗吃。戴宗问："你怎么不吃饭?"李逵答道："我现在不想吃。"戴宗寻思：这家伙必然瞒着我背地里吃荤。戴宗吃了饭，悄悄往后面看，只见李逵买了两角酒、一盘牛肉，正在那里吃着。戴宗自语：且不道破他，明天小小地要他一耍。

第二天清晨，两人继续赶路。戴宗说道：“我们昨天不曾使神行法，今天须要赶路程，我与你作法，行八百里再停下。”戴宗取出四个甲马，在李逵腿上绑了2个。戴宗念念有词，吹口气在李逵腿上，李逵拽开脚步，如驾云一般，飞也似地去了。戴宗笑道：“且让他忍一日饿。”戴宗也给自己绑上甲马，随后赶来。李逵不知道这神行法的奥妙，只以为和平日走路一样，想行便行、想停便停。岂不知此法不听李逵的，李逵几次都想住脚，但两条腿不听使唤，怎么也收不住，好像有人在下面推一样，脚不着地，只管一个劲地走下去。看见酒肉饭店，也无法进去买。

看着走到红日平西，李逵又饥又渴，又收不住脚。戴宗从背后赶来，怀里摸出几个炊饼自吃。李逵叫道：“我停不住脚，不能买吃，你给我两个饼充充饥。”戴宗道：“兄弟，你走过来拿。”李逵伸着手，只隔一丈来远近，只接不着。戴宗道：“今日有些跷蹊，我的两条腿也停不下来，你是不是昨夜没听我的话，我这神行法，不许吃荤，第一戒的是牛肉。若吃了一块牛肉，一直要走十万里才能停下。”李逵道：“我昨夜瞒着哥哥，偷买了几斤牛肉吃了，这可怎么办!”戴宗道：“怪不得今天连我这腿也收不住，只得去天尽头走一遭了，慢慢地得三五年，方才回得来。”李逵闻言叫苦不迭。

戴宗笑道：“你从今以后，只依我一件事，我便罢了这法。你如今还敢瞒着我吃荤吗?”李逵哪敢不依，戴宗见教训得够了，收了神行法。

凡事都要持之以恒，像李逵那样三天打渔，两天晒网似的，终成不了大事。

世间最容易的事是坚持，戴宗觉得下山办事这段时间里，不吃肉不喝酒并不难，并不痛苦。许多人每天早上坚持跑步，坚持看一小时的书也不觉得难。说它容易，是因为只要愿意去坚持，人人都可以做到，不受年龄、经济条件、文化程度、地位等的限制。

古希腊大哲学家苏格拉底在开学第一天对学生说：“今天咱们只学一件最简单也最容易做的事儿。每人把胳膊尽量往前甩，然后再尽量往后甩。”苏格拉底示范了一遍，“从今天开始，每天做 300 下。大家能做到吗?”

学生们笑了。这么简单的事，有什么做不到的？过了一个月，苏格拉底又问，这回坚持下来的学生只剩下八成。

一年过后，苏格拉底再一次问大家：“最简单的甩手运动，还有几位同学坚持了?”这时，整个教室里，只有一人举手。这个学生就是后来成为古希腊另一位大哲学家的柏拉图。

像甩手这么最容易做的事，如果天天坚持去做，就变成最难做的事了。如果天天坚持做最简单、最容易的事，一个人的精神便得到了升华，便从普通人变成了佼佼者。

世间最难的事也是坚持。说它难，是因为真正能做到的，终究只是少数。坚持的大敌是惰性和借口，而克服惰性和借口的是理想、信念和意志。祖逖闻鸡起舞，只要随便找一个借口就可以中断坚持；鉴真东渡，年老体弱、目盲都是很正当的理由，完全可以不必坚持。许多事不去坚持了，并没有人会责怪你什么，你也不算做什么错事，但是成功却离你远去。

学习需要耐性，要有恒心，不要一暴十寒，忽兴忽伏，要有像“牛皮糖”那样的韧劲，坚持下去，例如练字，开头一两个月觉得每天都有进步，到了一定程度，却反而停滞起来。这是最紧要的关头，如果坚持下来，把这一关顶过去，就会到达更高的境地。如果在这个时候动摇了，认为自己就这个样子了，放弃了，终究成不了大家。

读书需要耐性，需要有恒心。许多人希望自己成为一个有学问的人，于是买来、借来许多书，未开卷时，信心百倍，有吞食全牛之慨；然而读书是苦差事，困难极多，一遇困难，则不禁颓然而气馁。三天三夜废寝忘食发奋读书易，每天坚持20分钟读书难。坚持和耐久是学有成效的一大秘诀，知识是一天一点、日积月累汇集而成的。

做事需要耐心。凡事，不做则已，做就要达到目的。达·芬奇画《蒙娜丽莎》用了4年工夫；俄国画家列宾画《伏尔加河纤夫》用了14年；曹雪芹写《红楼梦》，成稿之后，又披阅十载，增删五次；达尔文用了5年的时间作环球考察，23年后出版《物种起源》；蒲松龄作《聊斋》，“数卷残书，半窗寒烛，冷落荒斋”，从年轻时作起，直至暮年。人道“十年磨一剑”，蒲老先生是一生磨一剑。太阿、龙泉、干将、莫邪，所有名剑均是千锤百炼而成，没有侥幸、没有捷径。做人做事，也要经过千锤百炼，才能成钢。要经得起千锤百炼，没有耐性是不行的。

做大事更需要耐性。大事是一个过程，有始点，也有终点，不可能一天两天便大功告成，所以需要锲而不舍地坚持。事业可能会失败，失败又是成功之母，因此，人们需要有接受失败、承认失败的耐性，不能一遇失败就不干了。事业可能会成功，但是这一成功可能比较遥远，在漫长的过程中，等待让人寂寞难耐，冷嘲热讽令人焦躁不安，稍无耐性，成功便可能与你擦肩而过。

说服人、教育人需要耐性。思想和观念的改变不可能一蹴而就。如果采取强硬、强制、强压的办法，则可能适得其反，要改变对方的观念，只能靠耐心和恒心。要如水流般地抵抗，水流在压力下被迫流入不熟悉的河道时，总是暂时引退。等到合适的时候，再慢慢地渗透，起先是缓慢地，然后逐渐成为一股很大的冲击力。当对方固执己见的时候，应当聪明地学习水流的抵抗方式：先后退，继而倾听、思考，然后再慢慢向前移动。

坚持为什么是世间最难的事，就是因为坚持在于反抗自我的消极。如果你去做一件很乐意做的事，例如看一场很好看的电影，根本无所谓需要什么“坚持”。但是，如果你遇到的是枯燥无味的工作，坚持下来就很难，如果你的工作很不顺利，一次又一次地失败，那就应当用坚持去反抗自我的沮丧、灰心和惰性。决定要做的事，一定要坚持到底推行下去，问题不在于能力的界限，而是在于信念够不够。使事情成功的因素是什么？其中当然有知识、思维和能力，它们虽然是必要的条件，可并非充分必要的条件。所谓充分必要的条件，就是给予那个能力本身的动力、浸透力、坚持力。

决定是银，行动是金

——戴宗寻觅公孙胜

梁山好汉为救柴进，率军攻打高唐州。高唐州知府高廉有呼风唤雨、飞沙走石之术，连克宋江两阵。宋江见折了人马，心中忧闷，和军师吴用商量对策。吴用认为，欲破高廉妖法，除非叫人去蓟州寻找公孙胜来，倘若请不来公孙胜，柴进的性命就难救了。公孙胜也是梁山泊一员头领，去蓟州探母参师已许多天了，此时不在山上。于是，宋江派戴宗、李逵二人去寻找公孙胜。

戴宗、李逵二人入蓟州城后，第一天绕城中寻找，整整找了一天，见人便问，竟没有一个人认识公孙胜的。第二天，二人又在城中的小街狭巷寻了一天，还是找不到任何踪迹。第三天，二人早早起来去城外的近村镇市寻找。戴宗只要见到老年人，便施礼拜问公孙胜先生家居何处，仍是并无一人认得。戴宗问过几十处，一点消息都没有。

戴宗、李逵找到中午时分，两人走得肚饥，见路旁有一家面馆，便进店吃面。吃饭时，戴宗与同桌的老汉聊天，听老汉说吃了面后要去听讲，说者无意，听者有心。戴宗忙问听什么人讲什么，老汉答道是听罗真人讲说长生不老之法。戴宗寻思道，罗真人是公孙胜的师父，莫非公孙胜也在那里？便问老人道："贵庄曾有位公孙胜吗？"老人说："您若问别人一定不知，多数人都不认识他。老汉和他是邻居，当然知道，这位先生一向云游在外，现在叫做公孙一清，人称他清道人，不叫做公孙胜，清道人现在在九宫县二仙山罗真人左右。”

戴宗正是“踏破铁鞋无觅处，得来全不费工夫”。找了两天半毫无消息，到面馆小坐一时便有了成效，不但打听到公孙胜现在何处，而且还打听到公孙胜现在的称呼。果然，戴宗、李逵来到二仙山，一问清道人家居何处，山上的樵夫很快指点了去处，没费多大劲，二人就找到了公孙胜的家。

戴宗寻觅公孙胜，看似巧合，实则必然，任何偶然性都蕴藏在必然性之中。没有前者的“踏破铁鞋”就不会有后者的“不费工夫”；没有戴宗捕捉信息时的主动、仔细、全面，就不会有后面入云龙斗法破高廉，宋江大破高唐州的精彩故事。信息，尤其有重大价值的信息是等不来的，捕捉信息要竖起耳朵听动静，睁大眼睛看行事。

有人解释“生意”二字说：生者，活也。一定要做活，“生意不灵活，门前客不多”。意者，从立，从曰，从心。从立，是说做生意要站着，眼观六路、耳听八方，灵活汲取各方信息，“坐店的买卖一堵墙”；从曰，是说要巧语待客、主动问话，“人无笑脸莫开店”；从心，是说要工于心计，懂经营之道，知行情变化，果断决策，运筹于帷幄之中，决胜于千里之外。“生意”二字从一个侧面说明了主动进行市场调查的重要性。

有些人总是抱怨别人能捕捉到信息，自己却总是与信息和商机无缘。其实，这不能怪自己的运气，只能怨自己不主动。一个现代人从不把工夫和赌注下到“守株待兔”上，而是努力去识别那些不易被人们发现的“乔装的财神”。捕捉信息要主动，因为许多信息和商机只青睐那些有准备的头脑。

在人生漫漫的旅程上，你或许有过多次这样的体验：成功确确实实就在不远处向你招手，但是，当你想接近它，它却退避了，不迎上来与你握手。而你自己呢？反而陷入失败的泥潭。为什么会这样？不是因为别的，是而因为你不够主动。

主动性强的人，往往会主动地想办法解决事业、生活中遇到的难题，他们容易获得事业上的成功。与主动性相反的性格是被动性，他们在生活和工作中，常常不是依据变化了的情况，积极主动地调节自己的行为，而是迟疑、徘徊，该出手时不出手。

这世界上的聪明人很多，但是成功者比之要少得多。那是因为很多聪明人在具备了不少成功的条件时，仍在苛求更多的条件，迟迟不肯行动，从而失去了机会；而成功者却从不等待万事俱备，他们在条件差不多的时候就干起来，边干边去创造条件。

“要成功，现在正是时候！”世间许许多多的成功人士都有这样的共识：决定是银，行动是金。只有行动，理想才能变成现实；只有行动，才会有结果；只有行动，才能一步一步接近成功。

有人不立即行动是因为他觉得知识不完善，譬如自己的专业知识还不精通，应当学精通了以后再干。然而，无数事实表明：先有精深的专业知识才从事发明创造的人并不多，不少成就一番事业的人，都是在知识不多时，就直接对准了目标，然后在创造过程中，根据需要补充知识。比尔·盖茨哈佛大学没毕业就去创业了，假如等到他学完所有知识再去创办微软，他还会成为世界首富吗？

有人不愿行动是觉得晚了。他们总以为开始得太晚，因此放弃，殊不知，只要开始，就永不为晚。一个人身患癌症，来日无多，似乎一切都已晚了，但是日本哲学家中江兆民一生中最重要的行动却是在得悉身患癌症之后才开始的。在得知自己仅剩的一年多的时间后，他开始动笔写一生中最重要的著作《一年有半》，完成后又紧接着写另一著作《续一年有半》，这两部著作算得上日本维新年代最有影响的著作。如果没有一年前勇敢的行动开始，就不会有这种光辉的结束。

一则故事曰：外语学习班报名时，来了一位老者，让人们惊讶的是，他是来给自己报名的，更让人吃惊的是，他已68岁了。有很多人不理解。接待小姐告诉他："等你学会外语，至少要两年，到那时你都70岁了！"老人笑吟吟地反问："姑娘，你以为我如果不学，两年以后就66岁了吗？"

"算了"常常是行为的障碍，不少人总是对自己说，现在晚了，来不及了，只能算了。他们总不肯开始，许多本来能够实现的理想，就是在"算了"的叹息中烟消云散。

人生的事业开始得有早有晚，如果你真的开始了，再晚的开始也不晚。《鲁滨逊历险记》的主人公鲁滨逊有一个行动观："一个人只是呆呆地坐着，空想自己所得不到的东西，是没有用的，这个绝对真理，使我重新振作起来。"

竞争者应在同一起跑线起跑

——青面兽杨志比武

青面兽杨志杀死了泼皮牛二，地方府尹见杨志是条好汉，又为地方除了一害，再加上众人求情作保，于是从轻发落，将杨志发配到北京大名府。

北京大名府梁中书见杨志十分骁勇，有一身好武艺，很是喜爱，有心提拔他当一名副牌将。因为杨志是一名配军，又寸功没有，唯恐众将不服，于是安排了一场校场比武。

比武当日，校场上人山人海，旗旌飘扬。杨志佩挂整齐，与副牌将周瑾比武。二人先比枪法，为安全起见，将长枪的枪头去掉，包上布团，布团内装有白粉。二人在校场上你来我往，打了几十个回合，只见周瑾全身似打翻的豆腐，浑身一片白，而杨志只在左肩胛上有一点白，众人看得仔细，都知道杨志的枪法要胜过周瑾许多。梁中书大喜，令杨志取代周瑾的副牌将职务。

正牌将急先锋索超不服，对梁中书说："周瑾因枪法生疏故而输了一阵，但弓箭高明，二人可否再比试一下弓箭。"梁中书应允了。于是杨、周二人比试弓箭，杨志对周瑾说，你先射我三箭，我再射你。周瑾恨不得一箭将杨志射穿，用尽平生本事张弓便射，但这三箭不是被杨志飞马躲开，就是被杨志抓住飞速的羽箭。轮到杨志射时，他不想害周瑾性命，只一箭将周瑾射下马来，并无大险。众人都赞扬杨志的箭法。

急先锋索超仍不服，非要与杨志比武不可。这两位好汉比武真是棋逢对手，真刀真枪地比试起来。杨志使一杆铁枪，索超持一把长柄金鎲斧，两条好汉在校场上如龙腾虎跃，互不相让，观看比武的众将眼都看直了，齐声喝彩。二人斗了四五十回合，不分胜负。梁中书大喜，命二人停手，提升二人为掌军提辖使。

杨志比武是一场公开竞争。比武的双方站在同一条起跑线上，凭各人的本事参加竞争，竞争的过程正大光明，竞争的结果真实可信，令大家口服心服，胜者有理，败者也服气。公开竞争不搞小动作，因为竞争的全过程都在众目睽睽之下。公开竞争具有平等性，杨志参与竞争时，杨令公之后的祖先身世没有给他帮什么忙，戴罪的配军身份也没有给他减什么色。对竞争者来说，贫贱高低，一律平等。

古代经常以比武的方法选拔军将人才。通过比武，淘汰劣的，留下强的，强中又有强中手，最后选拔出最优秀的人才。比武的方法具有公开、公正、平等的优点，体育竞赛也强调公开、公正、平等，这些优点是公开竞争的共同特点。

人们常说“不患寡，患不均”，意思是不怕东西少，就怕分得不均，意为分配上的平均主义。其实，这是一种消极的理解，分配上的平均主义是“大锅饭”，很难激励人们的积极性。积极的理解应指竞争、进取的可能、机会和条件的均等。如果进取的“可能”不均，必然使一部分人失望；竞争的“条件”、“机会”不均，必然使各人的付出与其回报的比例不同。所以，不患寡，可以理解为不怕收人之“寡”；患不均，应当理解为就怕竞争的条件不均。

自古至今，条件不均有以下几种情况：

一是部分单位和人拥有特权。例如，一些垄断企业，由于无人与之竞争，“过了这个村就没有这个店”，所以比其他企业有特权，员工的工资、待遇明显优越。又如，我国古代对官吏普遍实行低薪制，看起来公平，但由于封建特权的作用，造成官吏在薪俸以外的收入大大超过本俸。

二是马太效应的作用。所谓马太效应指“凡是有的，还要加给他，叫他有余；没有的，连他所有的，也要剥夺过来。”人才学上的马太效应在当前的科研体制上表现得十分明显。高职称、高学历的人有资格承担科研项目的主持人，而职称不高的本科生、专科生、中专生，却连课题的边都沾不上。教授、博士们一旦在奖励制度中获奖，尤其是获高规格奖励之后，各种荣誉和报酬就会接踵而至，声誉日隆，更容易申请到新的研究课题，科学优势迅速积累；而对未出名的潜人才，由于各种职称、学历的限制，他们很难接触重大研究项目，这样就有可能长期埋没一些优秀人才。“声誉”、“职称”、“学历”，也参与了竞争，一定程度上影响了竞争的公平。

三是某些客观条件的区别，由于自然条件的好坏，外部客观经济条件的不同，常常使许多企业和员工不能与他人处于同一“起跑线”上。

上述条件的不均，必然造成劳动者收入的不均，而这种不均又与劳动者的努力无关，因此，如果不加以重视和协调，必然在一定程度上影响人们的进取积极性，造成不和谐的因素。

公开竞争，必须保证平等的竞争条件。这种平等的竞争条件，首先是平等的环境条件，其中包括工作条件及其他环境因素。这个平等的竞争条件实质上是统一“起跑线”，只有在同一“起跑线”上起跑，才能比出快慢高低。其次是平等的考评要素条件，即把所需考核的各要素进行最大限度的量化，变成“硬杠杠”，才能增强比较的透明度，减少人的主观因素影响。最后是平等的标准化程序和平等的监督条件，以确保竞争者的平等权利。监督的对象，一是决策者，禁止其徇私舞弊，拉帮结派；二是评审人员，禁止其徇情包庇，弄虚作假；三是竞争者当事人，防止其违法乱纪，假造成绩。

眼见为实并不总是对的

——杨志黄泥冈上当

杨志一行十五人为给太师蔡京送生辰纲，冒着炎热，挑担赶路。这一天正是农历六月初四，天气未及晌午，一轮红日当天，没半点云彩，行的路又都是山间崎岖小道，挑担的军汉们走到黄泥冈时，见到树林就要停下歇息，再不愿意走了，放下担子，十四个人都到树阴下躺倒。杨志怕生辰纲被劫，不让大家歇凉，拿起藤条，向军汉劈头劈脑打去，打得这个起来，那个又睡倒，杨志也无可奈何。

此时，晁盖、吴用等七雄早已在冈上等待多时。七位好汉扮作贩枣的客商，也装作在林子里歇凉，准备智取生辰纲。

不一会儿，一个汉子挑着两桶酒也到冈上松林里休息乘凉。军汉们又热又渴，一看见酒，就要凑钱买酒。杨志怕酒里有蒙汗药，硬是不让军汉买酒。杨志的担心有道理，那年月有许多好汉都曾经被蒙汗药麻翻，如今杨志身负重任，不得不小心些。

贩枣子的客人听到吵闹声，从对面松林里走出来问个究竟，一听有酒，也要买一桶喝。于是从枣车上取了两个椰瓢，七个人站在桶边，轮替换着舀酒喝，一会儿就喝光了一桶酒。卖酒的汉子说不还价，五贯钱一桶。七个客人说，五贯就依你五贯，只是再饶我们一瓢。卖酒汉子不同意饶酒。趁一个客人交钱时，另一个客人揭开桶盖舀了一瓢，拿上便喝。卖酒汉子去夺，客人手拿半瓢酒往松林里便走，卖酒汉子追上去，只见又一位客人从松林里跑出来，手拿一个瓢也从桶里舀了一瓢酒，卖酒汉子看见，抢在手里，朝桶里一倒。

杨志自始至终在认真观察，看到这时，疑心也消失了。杨志寻思，这些贩枣客人喝一桶酒以后好好的，另外那一桶酒也看见有人喝了一瓢，想必酒是好的。于是让军汉们买了那一桶酒喝。看大家喝了没事，杨志警惕性全无，自己也喝了半瓢。不多时，十五个人头重脚轻，瘫倒在地，挣扎不起，眼睁睁地看着七位好汉把金银珠宝推下冈。

原来那个挑酒的汉子正是白日鼠白胜，白胜与七雄合演了一出戏给杨志看。刚挑上冈子时，两桶都是好酒，七个人先喝了一桶。刘唐揭开桶盖，又兜了半瓢喝，故意让那十五个人看，打消他们的疑心。此时，吴用去松林取出药来，抖在瓢里，从桶里兜酒时药已搅在酒里，假意兜半瓢喝，白胜劈手夺来，倒在桶里，这便是吴用的计策。

杨志的观察不能说不仔细，但是杨志的观察缺乏深刻的思维，在观察中没有问几个为什么：黄泥冈是强人出没的地方，就是太平时节，白天人们也不敢在这里停脚，为什么就在他们歇息时，竟热闹起来，贩枣客人、挑酒汉子同时到此，难道只是巧合？吴用曾有一段时间不在现场，他先到松林里去，又拿着瓢从松林里出来，一去一来间干了些什么，难道不是疑点？观察是获取信息的一个必要手段，但是仅有观察还远远不够，观察必须和思维结合，对所获取的信息进行分析研究，去伪存真。观察力是每一个人的智力要素之一。但是，观察是要讲究方法的，错误的观察往往会使事业失败。杨志在黄泥冈上，虽然认真对七雄的活动做了详尽的观察，但是他的观察失败了。

俗话说，耳听为虚，眼见为实。人们对看到的，往往就相信，所有销售人员针对消费者的求实心理，在制作产品或推销产品时现场表演，不容你不信。但是，眼见为实并不总是对的。杨志看到的是实实在在的，他相信了，但是他却上当了。眼见的东西不一定准确，这是因为：

其一，人有视错觉。错觉是心理上的一种重要现象，指人们对于外界事物的不正确的、错误的感觉。

产生错觉的原因很多，人们观察物体时，受形、光、色等客观因素的诱导，通过眼睛感官的生理作用，造成心理对某些外界事物多种因素变化和反应的不一致，以及根据较少经验和过去的知识所带来的不正确判断，即误识物象。例如，法国国旗蓝、白、红三色的宽度不相等，但人们眼睛看到的却是等宽的。产品设计和市场营销人员常利用人的视错觉促销。

其二，眼睛看到的多是表象。表象的东西使人的感知肤浅。人们仅从表象中难以得到正确的认识。孔子有一次打盹，睡眼蒙蒙间看见弟子颜回在吃祭神的米饭。颜回是孔子最得意的弟子，对颜回此举，孔子很不理解，便去问颜回。颜回说，他看到祭神的米饭有几粒被弄脏了，而用脏米饭祭神是不敬的，又怕浪费了粮食，所以就把这几粒脏米饭吃了。若不是颜回的解释，孔子就可能误会了颜回。由此可知，现象不代表本质。

其三，假象容易蒙蔽人的眼睛。20世纪80年代初，西服进入了中国市场。许多地方，尤其是大、中城市，穿西服成为一种时髦、一种风度。一些经营者观察到举目可见的着西服者，认为西服的需求量还大得很呢，应当立即上马搞西服。于是，西服生产线不仅在大、中城市落户，一些偏远山区小市也引进了许多条。结果大量积压的西服，带来了到处可闻的贱卖声，满街可睹的减价招牌，使不少服装厂关门倒闭。事实上，这些观察者是被假象所迷惑。西服刚时兴之时，一些单位为了规范形象，花钱为职工做西服，在这样一个非正常的背景下，产生了一种市场需求量大的假象。风气一过，假象自破。所以，为了避免被假象所迷惑，观察一定要和思维活动密切联系在一起，通过纷繁复杂的表象去把握事物的本质。

江湖骗术往往利用假象骗人钱财。原本是一张雪白的纸，只见“大师”用力一拍，纸上竟然出现了一个血手印，于是“大师”告诉你家里的狐狸精、妖魔鬼怪已经被他降伏了。“大师”接下去把出现血手印的纸往水盆里一放，血手印又慢慢消失了，“大师”的解释是，鬼怪最终被驱走了。

这些神乎其神的现象其实只不过是小把戏，都是一些化学试剂、化学药品、化学反应起的作用。例如，酚酞遇碱变红，遇酸会褪色，所以白纸血印就时显时消。

眼观不一定为实，对于眼观的现象必须分析。

我们身边的一切都得我们去认真质疑和分析，惟有如此，才能产生新的智慧。

对所观之物进行比较是分析。人生中有“扬长避短”之说，军事上有“知己知彼”之说。常言说得好：“不比不知道，一比吓一跳。”应比较所观之物之间的差异性与同一性。

对所观之物进行质疑是分析。总得找出个“为什么”来，才能做到心中有数。世上许多现象都能找出可疑之处，许多骗局有很多破绽和不合逻辑的错误。见疑思疑，思辨明晰，可以少上当受骗；见疑不疑，思辨无能，常引发出令人终生遗憾的错误。

对所观之物进行鉴别是分析。世界上的人和事是复杂的。现象掩盖本质、打着科学的外衣行骗、鱼目混珠、障眼法蒙人，以上种种，极为普遍。因此需要鉴别真与伪、科学与迷信、真实与假象、美与丑、善良与伪善。

对所观之物进行判断是分析。判断的“判”乃批判、否定，若要学会“判”，当然要训练分析能力，分析出差异，才好判谁是谁非。

察言观色也是分析。分析是路，它能从支离破碎的观察材料中，从不起眼的蛛丝马迹中，从细微的言行变化中，用一个一个的推理，一步一步走，由现象至本质，由零散到完整，由未知到已知，从而得出正确结论。

他人不是我

——最是潇洒活阎罗

阮氏三雄中，人们唯独对阮小七的印象深刻，因为阮小七的个性鲜明。在水泊梁山众好汉中，阮小七活得最潇洒，他个性独立，行为果断，头脑中没有什么清规戒律，自由自在地活在世上。描写阮小七独立性格的情节主要以下几个。

一是第七十五回“活阎罗倒船偷御酒”。陈太尉到梁山招安，阮小七把朝廷官员作弄了一顿，接陈太尉一行上船后故意将船弄得漏水，然后借机将太尉一行转到其他船上，却留下了御酒。阮小七叫人取出一瓶御酒，闻得喷鼻馨香，也无碗瓢，和瓶便呷，一饮而尽。吃了一瓶道：“有些滋味，一瓶哪里济事，再取一瓶来!”又一饮而尽。一连四瓶，吃得舒服，阮小七将剩下的六瓶御酒，都分给水手众人吃了，却装上十瓶村醪水白酒，还把原封头缚了，飞也似摇着船来，赶到金沙滩。这一段写出阮小七不怕天、不怕地的豪爽个性，根本就不把皇帝老子放在眼里。

二是第九十九回，宋江攻入方腊宫殿后，阮小七搜出方腊的平天冠、衮龙袍、碧玉带、白玉圭、无忧履。阮小七看见上面都是珍珠异宝、龙凤锦文，心想这是方腊穿的，我穿一穿也不要紧。便把方腊的龙袍穿上，跳上马，手执鞭，跑出宫前，东走西走，在那里嬉笑。童贯带来的两员大将见状骂道：“你这厮莫非要学方腊，做这等样子！”阮小七大怒，指着这两个大将骂道：“你这两个，直得甚鸟！若不是俺哥哥宋公明，你这两个驴马头，早被方腊砍下了。今日我等弟兄成了功劳，你们倒来欺负我们。”后来，阮小七做了都统制，未及数月，被奸臣报复，削职为民。阮小七丢了官，心中反而高兴。这一段情节把阮小七无拘无束的性格描写得更加突出。

梁山泊一百零八将，读者不可能把这一百零八人全部记牢，但是有一些人的形象，如鲁智深、武松、李逵、杨志、秦明、阮小七等，因其个性鲜明，倒让人过目不忘。

阮小七之所以最为潇洒、快活，不仅仅由于他个性鲜明，更因为他懂得“他人不是我”的道理。如果阮小七常常拿着“他人”的眼光、他人的评价、他人的好恶，去规范自己的人生，忘记自我，还会有自己的快乐吗？

我，是个最尊贵的字眼，世上的人千千万，可哪个也不是我，哪个也替代不了我。既然我是个世间独一无二的我，就应当有自己独立的人格，有自己的操守，好好地过自己的日子。

我们每个人都是世上独一无二的，你就是你自己。所以，你既然已来到世上，就应庆幸自己是世上独一无二的，应该把自己的禀赋发挥出来。认识自己的个性，有利于追寻个性与事业的最佳结合点；有利于完善自己的优点，抑制缺点，塑造完美的人格。人生的乐趣就是自我个性潜能的实现，实现了则没白来世上一回，实现不了或差距太大，则是人生大遗憾。你无须总是效仿他人，也没有必要羡慕别人是什么，做了些什么，重要的是认清自己是什么，有什么样的社会定位，因为适合自己的才是最好的。盲从是导致人生失去自我的危机因素之一，人若失去了自我也就失去了一切。

狮子是强者，它威风凛凛地咆哮到今天；绵羊是弱者，它历经千百年风风雨雨，也一直活到今天。大树生存着，大树底下的小草也生存着。你不必一定是英雄、能人，不必一定要和别人一个样。只要找到适合自己的位置，以适当的方式做适当的事，清清楚楚地明白自己想做什么和能做什么，并且付诸行动、锲而不舍，这就够了。

许多伟人、名人、科学家、发明家都有卓尔不群的个性，他们不落俗套，不惟书、不惟师、不惟众，独立思考，特立独行，敢于向旧的传统挑战。而那些没棱没角、因循守旧的却总是步人后尘，一味模仿、重复前人的工作。盲从常常使人无所作为，一事无成。

个性有激发创造力的潜质。乐圣贝多芬是一位个性英雄，他那不落俗套的个性，与他不落俗套的作品不无关系。

撒切尔夫人说："每个人都完全不一样，重要的是你必须开发自己的个性，发挥自己的长处。"

罗曼·罗兰说："每个人都有他隐藏的精华，和任何别人的精华不同，它使人具有自己的气味。"

陀思妥耶夫斯基说："我们当中每个人身上都有一个完整的世界，在每一个人身上这个世界都是自己的，特殊的。"

蒙田说："人类伟大而光荣的杰作就是知道如何恰如其分地生活。"

苏格拉底说："知道自己的人，会知道什么事情是适合他们的，并会辨别他们所能做的事情与他们所不能做的事情。"

我们的社会应当大力提倡自荐、自举、展示个性之风。有一种片面的观点，厌恶自荐者，认为展示自我是"出风头"、"不自量力"、"骄傲自大"、"要官做"，这种观点堵塞了人的成才之路。

要活得潇洒，活得快乐，就应当想到"他人不是我"，不随波逐流，固守自己的责任和义务、自己独立的人格。

我们倡导积极个性的发挥，目的在于解放创造力、冲击世俗、锐意进取、挑战自我、挑战极限。独特的个性绝不表现为穿奇装异服、染头发、变发型，也不表现为哗众取宠、与集体对立、与纪律和制度对着干。积极个性的发挥与遵循理性并无冲突。

个人事业的成功，既需要积极个性的充分发挥，也需要团队的合作精神。凡事皆有度，个性的表现也必须有度。没有节制的个性表现，必定会伤害他人或群体，降低群体的凝聚力。而失去了群体的任何个性，也将成为无源之水，没有社会、没有集体，也就没有“我”。一个人，首先是社会的人，其次才是“我”这个人。

一个人不可以不保持个性，也不可以无度追求个性自由，这是人生的辩证法。

经营自己的长处

——船火儿陆战遭擒

大刀关胜领兵攻打梁山。船火儿张横急于争功，非要去劫关胜大寨。张顺苦谏，说你水军头领只管好水军就行了，不要轻去劫寨。张横不听，还说都像你这般仔细，何年何月才能建功。张横点了小船五十余只，每船只有三五人，各带兵器，直抵旱路。张横善水战，不善旱路劫寨，果然不多时就被关胜兵士发现，关胜得知，便将计就计，如此这般做好准备。

张横引两三百人，从芦苇中间，潜到寨边，直奔中军。望见帐中灯烛荧煌，关胜手拈髭髯，坐看兵书。张横暗喜，手持长枪，抢入帐房里来。忽听旁边一声锣响，众军喊动，如天崩地塌、山倒江翻，吓得张横倒拖长枪，转身便走。四下里伏兵乱起，可怜会水的张横，怎脱平川罗网，两三百人不曾走脱一人，尽数被缚。

张横劫寨纯系经营自己的短处，这寨岂能是什么人、什么时候都可以劫的？两三百人，人数也太少，即使劫寨成功，人家把船毁了，怎么能撤出去？张横被抓后，阮氏三兄弟、张顺点起一百余只船，登陆进攻，更是送死，完全是哥们义气、感情用事，结果阮小七又被捉拿。关胜有一万多人马，梁山水军不善陆战，这不是拿着鸡蛋往石头上碰吗？

梁山水军不乏善战的好汉，但其强项是水战，李俊、二张（张横、张顺)、三阮（阮小二、阮小五、阮小七)、二童（童威、童猛）都乃水中蛟龙，他们经营自己的长处时得心应手、屡建奇功，但一旦经营自己的短处时就很不顺当。

梁山的事业为什么兴旺发达，每个好汉各自经营自己的长处是原因之一。梁山上有威义并重的天王晁盖，大义大德的及时雨宋江，这二位当首领最合适，让弟兄们心服口服。水泊上有出谋划策的军师智多星吴用，入云龙公孙胜，神机军师朱武，都是熟兵法、懂谋略的高手。五虎将、八骠骑、马军头领、步军头领、水军头领都英勇善战，是打仗的人才。

行文走檄的文字工作有圣手书生萧让；定功赏罚的司法工作有铁面孔裴宣；钱粮支出纳入的财务工作有神算子蒋敬；给人医病的有神医安道全；给马医病的有紫髯伯皇甫端；监造兵器，铁匠出身的金钱豹汤隆最在行；造兵符印信的有金石大师玉臂匠金大坚；专管行刑的有刽子手出身的蔡福、蔡庆；专管屠宰牲口的有屠夫出身的曹正。收集住处的有4个酒店八位头领重操旧业；行探有行走如飞的神行太保戴宗。

柴进、李应都是大财主、大庄主，正适合管家，掌握财粮。凌振擅长爆破，正适合造炮。时迁是偷盗高手，许多事情都少不了他。他们各位经营自己的长处，形成了梁山泊一百单八将的一个极好的组合。倘若让林冲管账，让萧让打仗，那不是搞笑话吗？姜子牙辅佐周文王治国安民，辅佐周武王伐纣灭商，本事很大，然而，他却不善经商，他从政前曾4次下海，均因经营无术以赔本告终。看来，这么有本事的姜太公，却不是经商的“料”。

人都有长处，也都有短处。人无全才，金无足赤。经营自己的长处，会使人生增值；经营自己的短处，会使人生贬值。在人生的坐标系里，一个人如果站错了位置——用他的短处而不是长处来谋生的话，他有可能在永久的卑微和失意中沉沦。

爱因斯坦曾收到以色列当局的一封信，信中诚请他当总统。爱因斯坦拒绝了。因为他知道自己的长处是善于同客观物质打交道，而不善于处理行政事物。陶渊明曾从政，但只当了八十来天的彭泽县令，便高歌《归去来兮》，挂冠而去，他自知不是当官的料，假如陶公从政，我们也许无福读到他的那些朴素自然的不朽诗作。

改革开放以来，不少经商之人成了富人，令许多人羡慕。他人能经商致富，我如何不能？于是，不少人辞去公职下海，扑腾了半天，不但血本无归而且债台高筑。原来，下海也须识水性，不是什么人都能在大海里搏击一番的。世界上有各种不同门类的学科和行业，它们的学问有共性，更有个性，如果没有个性，这门学科和行业就没必要存在了。各行各业的学问虽然有相关的联系，但绝对不是一个概念，各有各的专长。干什么都有学问。

各人有各人的才识，各人有各人的长短，在某种条件下，他可能显得“无用”，而在另一种条件下，则是不可缺少的能手。物之不同，各有所用；人之不同，各有所能。一个人若想取得成功，光有奋斗目标是不够的，如果“任非所能”、“角色错位”、“扬短弃长”，一般会困难重重，难以攻克。所以，必要时还应根据主观条件主动调整主攻方向，甚至改变人生跑道，去扬长避短。

识人比识己容易，俗话说，旁观者清，当局者迷。但是识己再难也要学会，不识己就不可能找到适合自己的人生定位。

识己之长比识己之短容易，许多人知道自己能干什么，却不知道自己不能干什么，结果所做非己所能，白白耗费了大好时光。

人生、事业上的不顺利，有时并非我们不勤奋，并非我们缺乏意志，也并非外部环境不优越，而是因为我们在经营短处。当我们的主观愿望与客观结果之间总是存在差距的时候，就有可能是以弱项去攻强项了，这时我们不妨停下脚步，审视一下自己，如果自己确实不适合做这项工作，及时主动调整自己的目标，去扬长避短，它比一条道走到黑更容易成功。

人生在世，要有坐标，要有方向，要有位置感。定位的标准是适合自己，适者生存。定位一旦不当，便会干出似张横那样的昏事、蠢事了。

做事需要勇气

——石秀单刀劫法场

拼命三郎石秀，听其绰号便可知他是位冒起险来不要命的好汉。石秀虽然上山较晚，但屡受重任，屡建奇功。石秀除了和大部队共同作战时表现英勇外，在单独工作时也是孤胆英雄。

卢俊义被官府押在北京大名府，宋江派石秀去打探消息。石秀入城一打听，方知当日午时三刻官府就要将卢俊义解到法场问斩。石秀大惊，回山报信已来不及了，于是当机立断，来到法场旁的一座十字路口酒楼上，临街占个位子坐下。坐不多时，只听楼下街上热闹、锣鼓喧天，十几对刀棒刽子手，把卢俊义绑押到楼前跪下。人丛中一声叫道："午时三刻到了!"楼上石秀听得此声，手持腰刀，应声大叫："梁山泊好汉全伙在此!"从楼上跳下来，杀人似砍瓜切菜，杀翻十几个，一只手拖住卢俊义，投南便走。可惜石秀不认得大名府的路，官府人马又分头关上四座城门，四下合围，石秀寡不敌众，被官兵捉拿。

石秀此次劫法场本无什么把握，但是不劫又不行。若不冒死去劫，卢俊义必死无疑；若冒险劫法场，还可能有九死一生的一线希望。石秀选择冒险是对的，正因为这个冒险，虽然没有救出卢俊义，却暂时保全了卢的性命，拖延了时机。北京大名府的梁中书因惧怕梁山泊，不敢杀卢俊义、石秀，只是将二人关押，这就为梁山泊攻打大名府赢得了时间。

石秀还有一次冒险，那是在祝家庄探路。石秀扮作卖柴的，潜入庄内。这祝家庄因防范梁山好汉，号令各户人家的年轻人准备打仗，每家酒店都有刀枪插在门外。店里的人、往来的人，身上都穿一件黄背心，上写着大大的“祝”字。在这种情况下，一个外来之人是十分危险的。石秀在虎穴之中，细心打听，终于打听到庄内道路的机密——只有见白杨树转弯才是活路，其余都是埋着竹签铁蒺藜的死路。石秀此次虎口冒险，救了梁山的大部队。

石秀的两次冒险都有收获，虽并不意味着冒险必成功，但至少可以说明，冒险是获得成功的一条路，有时候不敢冒险就等于坐以待毙。

做事需要勇气，是因为成功与风险永远相伴。越是做大事，风险越大。一个成功者的一生，必定是一个与风险拼搏的人生。除非不干事业，干事业则必定有风险。你不敢上高山，就欣赏不到险峰上的无限风光；你不敢下汪洋大海，就难得夜明珠。不敢入虎穴，就得不到虎子，“擒龙要下海，打虎要上山。”人生路上，如果没有不怕摔倒的勇气，要么一屁股坐下不起，要么调头打道回府。

做事需要勇气，是因为赞同与反对永远相伴，有人赞成，就有人反对。越是做大事，越有可能遭到非议。一个成功者的一生，必定是一个与歧视、嫉妒、谗言、怀疑、强暴作斗争的一生。海瑞不畏强权，备棺进谏，明知山有虎，偏向虎山行。商鞅变法，若没有大无畏的精神，岂不早就让顽固的旧势力吓回去了吗？

苏轼曰：“仁者之勇，雷霆不够。”勇敢是一种品德。

人类向大自然挑战，靠智慧，也靠勇敢。一位哲人说：“勇敢和智慧，是一对孪生兄弟，你如果没有勇气叩开你想走进的那扇大门，那么，你永远都不可能知道那门后的秘密。”

上天给予人类的不都是风调雨顺、阳光明媚，时常怒吼发作、狂风暴雨，给人类带来无穷的灾难；大地并不尽是鱼米之乡，也有高山峻岭、江河天堑、沟壑纵横、沙漠荒原的不毛之地，给人类的生存带来无穷的艰难。人要与天斗，要有“人定胜天”的勇气；人要同地斗，要有改造山河的勇气。人类正是因为有了这种勇气，世界才得以向文明、美好的方向发展，怯懦和软弱一旦统治了人类的心灵，将使人类走向衰亡。

人类向邪恶势力挑战，靠正义，也靠勇敢。人类社会有光明有黑暗，有正义有邪恶，有好人有坏人，要使光明战胜黑暗、正义战胜邪恶、好人战胜坏人，就要敢于坚持真理、敢于斗争、敢于夺取胜利，这就要有无畏的胆略和勇气同邪恶势力作斗争，不怕牺牲生命，不怕打击报复。

勇敢的人，敢于虎口拔牙。人生在世，想干一番事业，就得有虎胆、虎威，天不怕、地不怕，一身是胆，敢上九天揽月，敢下五洋捉鳖。特别是当今经济发展的创业时代，如果胆小怕事，裹足不前，自卑畏难，无所作为，那就什么事也干不成。

勇敢的人，要有不畏艰难险阻的精神。世上干任何事情都有危险，连吃饭也有被噎住的风险，如果因噎废食，人就会饿死。古人说“不入虎穴，焉得虎子”，不历艰险就不能获取成功，而且艰险越大，成功的可能性越大，人的知名度也就越高。在改革开放的大潮中，无数的创业者是经过艰难、曲折、风险、失败之后建功立业的。

勇敢的人，敢于否定名人的错误实践，不迷信名人。如果迷信名人，就会畏缩不前，僵化守旧，就不能继续发现真理，就不会有新的创造，世界就会停滞不前。长江后浪推前浪，代代后人胜前人，无名胜有名，这是历史发展的客观规律。

勇敢的人，敢于同自身的弱点作斗争，既敢于挑战别人，也勇于解剖自己。

具有勇敢品质的人，他们坚信自己事业的正确性，清醒地意识到行为的后果及其社会价值，愿为事业做出牺牲。与勇敢相反的品质是怯懦，具有这种品质的人在困难面前总是畏缩不前，由于情况的变化而惊慌失措，这是意志薄弱的表现。

勇敢不等于蛮干，理智地挺身而出，是一种非常值得的献身精神。所以，勇敢的人令人钦佩。因为勇敢在一定意义上代表了一种胆识，故而也容易成就事业。

只有敢于朝前迈步，你的脚才能踢开成功之门。

兼容各种好性格

——鲁达拳打镇关西

肉铺老板郑屠自称镇关西，作恶一方。他用口头许诺的三千贯钱，虚钱实契，从金老头手里强抢了他的女儿金翠莲作妾。郑屠的大老婆将翠莲赶出来，郑屠却向金氏父女索要这三千贯钱。金氏父女懦弱，和凶恶的郑屠争执不得，当初不曾得他一文，如今那有钱还他，没计奈何，只得在酒店里卖唱还钱。适逢这两日酒客稀少，违了郑屠钱限，父女俩怕郑屠来讨时，受郑屠羞耻，想起这苦楚来，哭哭啼啼打搅了正与史进、李忠聊天的提辖鲁达。

鲁达听了金氏父女的陈述后非常生气，把碟儿、盏儿都丢在楼板上，立刻拿出身上仅有的五两银子，又抽身边的史进、李忠借钱给金氏父女作路费，让他们逃出虎口。鲁达当下就要去打郑屠，被史进、李忠劝住，当晚回到房里，晚饭也不吃，气愤地睡了。鲁达真是侠肝义胆，心中容不得丑恶之事，跟自己无关的一件事，居然让鲁达吃不下、睡不好。

鲁达虽然性情火暴，不拘小节，却也不是马虎大意之辈。他不是行事莽撞之人，粗中有细，考虑问题比较周详，顾此也及彼。

鲁达知道打郑屠只是为了教训教训他，而救金氏父女逃出虎口才是目的，不能只为出气而不顾救人的目的。所以，第二天天刚亮，鲁达没有去郑屠店里，而是到了金氏父女住的旅店，让他们快走。可店小二听了郑屠的吩咐哪里敢放人。鲁达便一掌打得店小二满地找牙，之后便在店门前坐了两个时辰，为的是怕店小二给郑屠通风报信。估摸着金氏父女走远了这才起身找郑屠算账。鲁达考虑之周详，可见一斑。

鲁达到了郑屠店里，便以军官的身分吩咐道："奉着经略相公钧旨要十斤精肉，切做臊子，不要见半点肥的在上头。"鲁达吩咐让郑屠自己切。郑屠细细切好后，鲁达又道："再要十斤都是肥的。不要见些精的在上面，也要切做臊子。"郑屠又切，整弄了一早晨。鲁达此举起到了一箭双雕的效果，一是在这段时间里，金氏父女跑得更远了，二是郑屠也累得够呛，没力气与鲁达拼命了。

之后鲁达三拳打死了镇关西，寻思道："俺只指望痛打这厮一顿，不想三拳真个打死了他。洒家须吃官司，又没人送饭，不如及早撒开。"拔步便走，回头指着郑屠尸道："你诈死，洒家和你慢慢理会。"一边骂，一边大踏步去了。三十六计，走为上计。提了一条齐眉短棒，奔出南门，一道烟走了。鲁达逃跑时仍然显出机智，打死郑屠后，假意说郑屠诈死，围观之人听了此话都以为郑屠还没死，所以没有人立即去报官，鲁达却乘乱跑了。

鲁达后来出家当了和尚，法名鲁智深。鲁智深在野猪林救了林冲，同样表现了他粗中有细、虑之周详的特点。鲁智深在林冲危难之时救了林冲的性命，但未将林冲劫走，也没有打死董超、薛霸二个坏差役，是因为倘若那样做，事情马上会暴露，不但救不了林冲，反而害了他，不如适可而止，顺其自然。

水泊梁山上外向性格强烈的好汉不少，鲁智深外向，李逵也外向。他们两人在性格上有相似之处，豪爽、义气、见义勇为、血气方刚、嫉恶如仇；两人也有不同之处，李逵鲁莽常误事，鲁智深粗中有细，考虑问题比较全面。李逵只用一种性格闯江湖，就像一根肠子捅到底一样，不足以济事。鲁智深能兼容各种好性格，在不同的场合、不同的环境都能合适、恰当地表现出不同的言行、不同的姿态，该粗则粗，该细则细。

一个人一生总要面对和参与许多场合，而每一种场合都要求人具有不同的性格表现。比如你性格内向沉稳，在庄重场合下人们会感到你的性格表现很好；在欢快愉悦的场合，你这种性格就不能说是一种好性格了。性格分析专家已经证明，每一种性格都有它各自的优缺点，因此每一个人都须进行性格互补。聪明的人、事业有成者总是能集各种优质性格为一体，一切得大成者总是能在恰当的时机和恰当的场合展现出恰当的性格特征，让各种好性格为己所用。

以唐太宗为例，他兼容了各种好性格。他对大臣的宽容显尽了他性格中的慈；面对建成、元吉的迫害不动声色，寻找机会，表现了他性格的忍；夺宫时，对亲生手足毫不手软，说明了他性格中的刚；得天下后，改善策略，以怀柔政策稳定人心，对边疆民族不用武力而用招抚，展示了他性格中的变。正因为李世民兼容各种好性格，人才才会聚集，贞观才能盛世，“成者成于性格，败者败于性格”，这话并不错。但是，成者并非只成在一种优质性格上，而是成于多种优质性格的集成与组合，或说是像唐太宗、鲁智深那样将多种优质性格集于一身的结果。

好的性格可以兼容，其他的东西也可以兼容，因为单一的东西总会片面。山刚水柔，人称有山有水好风光，若仅有山而无水，或仅有水而无山，算不上好景。

老子的道和孔子的儒，在形式上分为两派，二者在思想上的主旨也似乎有明显的区别。儒家思想的主旨是“修身、齐家、治国、平天下”，是用积极进取的精神，达到建功立业、超越平凡的目的，主张“有为”。道家则主张“无为”，主张顺乎自然，冷静迂回，遇事忍耐，以柔克刚。其实，儒与道在实质上却是一家。道家要人们以“无为”的心态，达到“无所不为”的境界。儒与道是同一件事物的两个面，可以兼容，儒与道像是两个巨大的车轮，千百年来承载着中华文明之车。

如果说儒如山巍，则道如水柔，二者互补，中华民族的精神才博大精深。水无山依不成韵，山无水润必荒秃，如果说儒是船上的一只船桨，那么道就是另一只船桨，两只浆相互协调，生命之舟才能乘风破浪，助你达到理想的彼岸。如果说儒家学说在精神上给人以利剑，道家学说则给人以砺石；当精神上的利剑在披荆斩棘中显出疲钝时，砺石将还其以锋芒。

世界上凡是美好的事物均由事物的两个方面互补而成。男刚女柔，构建了社会的分子——家庭。男女搭配，干活不累。梁山上的李逵和燕青，一为“天杀星”，一为“天巧星”，性格完全相异，但二人经常一起下山办事，竟是一对好搭挡。直线刚、曲线柔，直曲互补，便成为当代最流行的线型——理智曲线，似子弹、游鱼型，似直非直，似曲非曲，曲中有直，刚柔相济。

黑白两色是强对比色。但是，“明眸皓齿”，相比之下不是很美的吗？木刻艺术的韵味，白纸上水墨画的潇洒，黑白摄影的魅力，黑白分明的色块或线条形成境界的韶光，不也是很美的吗？这些美来自于黑白的互补。红色和绿色互为对比色，但是绿树红墙，红花绿叶，使人们获得了互补的美感。一般说，单一的色彩难以产生理想的色彩效果。色彩的美学效果，常是在多种色彩的巧妙调配下产生的。色单则味寡。

一般情况下，一个领导者对部下表示出一定程度的严厉，部下会有敬畏感；对部下表示一定程度的宽容，部下则会产生爱戴感。部下对领导者既敬畏又爱戴，领导者才能有威信。

刚柔相济、一张一弛，乃用人之道也。所谓刚，主要是用硬约束的办法来规范人们的行为，比如严格的制度、严密的组织、严厉的惩罚、严肃的批评等，舍此则不能统一大家的意志和步伐。要刚，首先要让理智战胜感情。所谓柔，就是以情为主，对部下多些关心和爱护，多做说服教育工作。

决策方法也分两大类：一“硬”一“软”。“硬”的方法以数学化、模型化、计算机为中心，提高了决策的准确性。“软”的方法则是发挥专家与团队的集体智慧和创造力。“硬”的方法优点很多，但又不是万能的，还需要“软”方法与之配合。这是因为许多复杂的决策问题，至今尚没有简便可行的数学方式可供凭借，况且，也并非所有决策问题都可以进行定量分析。但是，“软”方法是建立在专家与团队的个人直观基础上的，缺乏严格论证，易产生主观性。“硬”、“软”两种方法都是好方法，但又都有其不足之处，必须二者结合，取长补短，优势互补，才能提高决策的科学水平。

逻辑思维与非逻辑思维共济互补，智商与情感共济互补，专业知识与非专业知识共济互补，只有兼容、互补，事物才能美满。任何事物均有优、缺点，有山峰也有山谷，任何事物有一利必有一弊。不同事物的兼容互补、取长补短、扬长避短，才可能构成一个合理的结构。

研究人须研究人的心理

——众泼皮心服口服

鲁智深粗中有细，极擅长运用心理战术宣扬自己、威慑对手。

鲁智深在东京大相国寺看守菜园。在菜园附近有二三十个破落户泼皮，过去经常在园内偷菜，见菜园来了个新和尚看园，于是想给鲁智深一个下马威。这伙泼皮一日见鲁智深正站在粪窖边，两个领头的泼皮借口参拜师父，靠近鲁智深，猛地一个抱住左脚、一个抱住右脚，想把花和尚掀进粪窖内。鲁智深“腾”“腾”两脚把两个泼皮踢进粪窖，众泼皮见状谁也不敢动弹了。

鲁智深对众泼皮说：“洒家是关西延安府老钟经略相公帐前提辖官，只为杀的人多，因此情愿出家，休说你这三二十人，便是千军万马队中，俺敢直杀的人去出来。”众泼皮喏喏连声，拜谢了去。鲁智深以此言挑动众泼皮的惧怕心理，借以宣扬自己之威，使泼皮们不敢再捣乱。

次日，众泼皮买了酒肉到菜园，与鲁智深共饮。正吃得高兴之时，只听得墙角边缘杨树上去鸹巢里老鸹哇哇地叫，很扫众人之酒兴。众人都说拿梯子上去拆了那巢，鲁智深相了一相，走到树前，用右手向下，左手拔住上截，把腰只一趁，将那绿杨树带根拔起。众泼皮见了，一齐拜倒在地，只叫“师父非是凡人，正是真罗汉身体，无千万斤气力，如何拔得起?”智深说：“这算什么，明天都看我使兵器演武。”鲁智深连拔树带表白，再一次借众泼皮的求实心理显示了威慑力。

鲁智深大闹野猪林时也运用了心理技巧，威慑敌人。林冲被太尉高俅陷害，发配沧州。高俅让差人在路上害死林冲，鲁智深暗中保护林冲，在野猪林救了林冲，又一直送他到沧州。离沧州不远时，鲁智深和林冲分别，临行时对两解差董超、薛霸说：“你两个人的头，硬似这松树吗?”二人回答：“小人头是父母皮肉，包着些骨头。”智深抡起禅杖，把松树只一下就打了两寸深痕，齐齐折断，喝一声道：“你两个若有歹心，叫你头也与这树一样。”两个差人吓得吐出舌头来，半晌缩不进去。林冲又趁热打铁道：“这个算什么，相国寺一株垂杨柳，连根也拔将起来。”鲁智深砍松树，又是利用差人的恐惧心理和求实心理进行威慑，同时树立了自己的形象。

人有各种各样的心理，利用人的心理，展开心理攻势，能收到比强攻更显著的效果。“攻心为上，攻城为下；心战为上，兵战为下。”楚汉相争，张良巧用“四面楚歌”的攻心术，驱散了项羽的“八千子弟兵”。乌江畔上，张良巧施“蚂蚁识字”，使项羽在心理上全线崩溃，叹曰“天要亡我”。

三国时期，诸葛亮对孟获的七擒七纵，完全是心理战术的胜利。诸葛亮与孟获二者的实力不在同一档次，诸葛亮若力服孟获当非难事。可是心若不服，就会如马谡所言：“虽今日破之，明日复叛。丞相大军到彼，必然平服；但班师之日，必用北伐曹丕；蛮兵若知内虚，其反必速。”

和谐社会是“以人为本”的社会，人类的一切活动，无一不是以“人”为中心的。因此，各行各业都应当研究人，既要研究人的行为，又要研究人的心理。他为什么有厌恶学习的行为、有不合群的行为、有自暴自弃的行为，为什么对某种商品不感兴趣，为什么对某种改革措施不支持等。凡此种种都需要刨根问底、追本溯源。

要研究人，必须研究人的心理活动过程中的共性，如人的认知、情感、意志；要研究人，还需研究人的心理特征上的个性差异，例如，不同的人有不同的需要、观念、态度、习惯等个性倾向性，也有不同的能力、气质、性格等个性特征。识人、择人、用人、任人、育人、管理人、服务人，当然要因人而异，应尽量做到“一把钥匙开一把锁”。

运用心理学原理去感化、迎合、激励、接近、启迪人的内心世界，是一种非常实用的方法。培养一名优秀的运动员，仅在技能、体能、战术上下工夫还不够，还必须研究和训练运动员的心理能力，以“心理”稳定情绪，提高成绩。审讯犯罪嫌疑人，“逼供信”不管用，管用的是心理攻势。产品做得再花哨精美，若打动不了消费者的心，激不起购买动机，就是白做。管人先管“心”，帮人先帮“心”，交友先交“心”，生产产品、发布广告先去迎合消费者的“心”，说服人、批评人先要人“心”服，展示形象必须展示“心”的形象。

人有好胜心理。猪八戒智激美猴王，诸葛亮两激老黄忠，目的都是为了激起对方的好胜、自尊的心理：非干不可，舍我其谁！

人有爱美心理。看到美的事物会感到喜爱，看到丑陋的事物则感到厌烦。优美的工作环境和购物环境，令人心情舒畅。产品和广告要讲究艺术性，符合美学原则，给人带来美感。一个设计零乱、制作粗糙的广告、招牌或橱窗布置，会使人联想到产品的粗糙和服务水平的低下。

人有求实心理。鲁智深倒拔垂杨柳，杨志以宝刀剁铜钱，都是针对人的求实心理而行。耳听为虚，眼见为实。一个人若想取得大家的信任，就要说真话、吐真情、办实事。

人有从众心理。从众心理是指个人在群体的压力下，会放弃自己的意见，而采取和大多数人一致的意见。我们平时所说的“随大溜”就是一种从众心理、从众行为。从众心理是一种很普遍的心理活动。管理者经常利用人们的从众心理制约成员的不良行为，经营者经常利用从众效应进行促销。

无论是兵战还是商战，人都是起绝对作用的因素，人的心理素质不但是战斗力，而且是重要的战斗力。心理防线一垮，兵力虽存，装备尚具，但一方能千里横扫如席卷，另一方则是兵败如山倒。心理战，给己方壮胆增志，对彼方懈志慑胆。

攻心是一种重要的进攻战术，它的目的有两个：其一，赢得人心，得到同盟者、同情者和社会舆论的支持。在政治竞争中，得人心者得天下；在军事竞争中，得人心者得胜利；在经济竞争中，得人心者得市场、得美誉、得朋友。其二，攻破竞争对手的心理防线。对方的心理防线一旦被攻破，就会不战自败。

例如商业谈判，既是斗智，又是斗心理素质。优秀的谈判人员，心理素质稳定、沉着、坚忍、不卑不亢、不急不躁，心理防线坚固，不易为对方攻破。心理素质低的谈判人员却不然，有的自负、有的自卑、有的好冲动、有的缺耐心，极易被对方攻破心理防线。而要攻破对方的心理防线，就要紧紧抓住对方的心理弱点，用他最怕的东西对付他。例如，如果谈判对手耐心差，希望速战速决，你就需要慢慢磨，磨了今天磨明天，磨得对手心焦，磨得对手乱了方寸；如果谈判对手清高自负，他就最怕别人指出他的缺点；如果谈判对手怯阵，他就最怕别人的攻击，哪怕是虚张声势；如果谈判对手脾气暴躁，不妨用言语激他；如果谈判对手十分狂妄，不妨以退隐进，麻痹对方，在退让中寻找对方的破绽。

压力激发动力

——景阳冈武松打虎

武松在景阳冈下的酒店里，见有好酒，一连喝了十八碗，手提哨棒便走。酒家忙劝道：“前面景阳冈上，有只吊睛白额大虫，晚了出来伤人，坏了三二十条大汉性命。”酒家劝他“不如就找此间歇了，等明日慢慢凑三二十人，一齐好过冈子。”武松不听酒家劝阻，横拖着哨棒便上冈子来。

武松乘着酒兴，只管走上冈子来，走不到半里多路，行到山神庙前，看到官府的文告，知道确实有虎，也想下山回店，只是怕酒家耻笑，才硬着头皮往前走。走了一段山路，酒力发作，踉踉跄跄，见一块大青石，把那哨棒倚在一边，放翻身体，却待要睡，只见发起一阵狂风，狂风过后，只听乱树背后扑地一声响，跳出一只吊睛白额猛虎。真的老虎出现了，武松吓得从青石板上翻下来，叫声：“啊呀!”大吃一惊，酒都做冷汗出了。

出于求生的本能，武松与老虎以命相拼，终于打死了猛虎，连他自己都觉得侥幸。他想把死虎拖下山去，才发现整个人都已经虚脱，哪里还有力气。下山的路上，武松突然又看见两只猛虎，大叫一声：“啊呀！我今番死也！性命罢了！”然后发现这两只老虎是猎户假扮的，虚惊一场。武松虽然勇猛，但毕竟不是神，若在平常时节，恐怕打虎没那么便当。武松打虎，是在生死压力之下，若不去拼命打虎，必被老虎所吃。压力产生动力，这便是压力的作用。

爱尔兰哲人巴克莱在他的名著《花香满径》里说过一个故事：一个神经接近崩溃的年轻人，他在绝望中去求助一位名医。这位名医告诉他，要改变这种境遇，唯一的办法是去找一份让神经高度紧张的工作。年轻人听从了这位名医的指教，去一个动物园申请做一名驯狮员，由于他全神贯注于这份危险的工作，最后他不仅治愈了失控的精神，还成了一位高明的驯兽师——不幸可以被紧张的工作或更强的刺激挤碎、赶跑。

压力这东西好不好，当然好。压力能转化为动力，动力能使人排除万难，战胜困境；压力使人头脑清醒，专心致志，充满理智；压力促进人们团结，万众一心，众志成城。1998 年夏季长江洪水肆虐，2003 年春季一场突如其来的“非典”灾害，2008 年南方冰雪灾害、四川汶川大地震，这些巨大的压力，转变为巨大的凝聚力，一次一次的压力，使我们中华民族的精神一次一次地得以升华。

压力是物理学名词，倘若没有压力，也就没有摩擦力，一个没有摩擦力的世界还不乱了套？没有压缩空气的压力，汽车能开吗？自行车能骑吗？

不久前，美国科学家将一只小白鼠的压力基因取出，把小白鼠放入一个 500 平方米的仿真空间。一同接受这项实验的还有一只普通的小灰鼠。没有压力基因的小白鼠显得兴奋异常，它走路时全无鼠辈那种探头探脑、前怕狼后怕虎的样子。仅仅一天，它就把整个仿真空间视察了一遍。而那只普通的小灰鼠无论走路还是觅食，还跟从前一样小心翼翼，不敢轻举妄动，它用了 4 天时间才基本摸清了这 500 平方米的新环境。仿真空间有一座 13 米高的假山。在没有任何的压力之下，小白鼠根本没有把那山当回事，它第一回就勇敢地蹿到了山顶，而小灰鼠开始最高只爬到了 2 米处放有食物的吊篮里。第 3 天，那只胆大包天的小白鼠在英雄了一把之后，在假山上漫不经心，不慎跌落下来，归了西天。而小灰鼠按部就班地生活，期间没有出现任何意外。

这项实验的结果告诉人们：人生在世，岂能没有压力。在马路上车水马龙的压力下，人们必须遵守交通规则；在“非典”的压力下，人们戴着口罩，一天要洗很多遍手；在公众舆论、道德规范的压力下，人们收敛了行为，改掉了陋习；在法律的压力下，人们自觉守法。压力使人们生存得安全而自由。为什么“初生牛犊不怕虎”，因为牛犊根本不知道老虎的厉害，没有压力，也就没有了安全。

还有一个故事。每天，当太阳升起的时候，非洲大草原上的动物们就开始奔跑了。

狮子妈妈在教育自己的孩子：“孩子，你必须跑得再快一点，再快一点，你要是跑不过最慢的羚羊，你就会被活活地饿死。”

同时，羚羊妈妈也在教育自己的孩子：“孩子，你必须跑得再快一点，再快一点，如果你不能比跑得最快的狮子还要快，你就肯定会被它们吃掉。”

记住，你跑得快，别人跑得更快。

这个故事告诉我们，压力使我们得到动力，压力使狮子和羚羊都必须跑得快，压力使人有了精、气、神。忧患是一种压力，人称“惧者生存”。狮子妈妈忧患，怕它的孩子会活活饿死。羚羊妈妈忧患，怕它的孩子被狮子吃掉。在忧患的压力下，它们都拼命努力。

假如人没有压力，就会寸步难行，无法生存。人不可能没有压力，工作有竞争的压力，面对新事物有心力不足的压力，面对旧事物有被淘汰的压力。从某种意义上说，压力是人生的一种幸运和幸福，因为有压力锻铸的人生才是真正的人生。

任何事物都有两面性，压力也有两面性。压力并非越大越好，所以，该加压时就加压，该降压时不妨降压。一个人在他的人生旅途中，情绪世界理所当然地也会发生变化，特别是当人所处的特殊地位以及面临的超越他人的十分残酷的竞争环境，使本来就负荷很重的工作和生活，更在种种心理困扰下变得不堪重负。这种压力超负的情况，成功时会有，竞争失利时更会有。心理上承受过大的压力，势必给人的工作和生活带来很大的负面影响。许多人有超群的才能，却缺乏较强的排除心理压力困扰的能力，不但影响自己的健康，也影响自己事业的健康发展。

压力既非蜜糖也非砒霜，压力过大与过小者，都应当修补它。平衡即美，恰到好处才是美。

宽容他人等于厚待自己

——武二郎十字坡逞威

敌人不是绝对的，朋友也不是永恒的。人世间化敌为友、化干戈为玉帛的事情不少，变友为仇的事也不罕见。孙二娘和武松，在十字坡酒店大打了一场，最后不打不相交，成了好朋友，因此，对待敌、友也需持变化的观念。

母夜叉孙二娘伙同丈夫张青，在十字坡开了家黑店。只等客商过往，有那入眼的，便用蒙汗药与他吃了便死。

这日，武松由二位公人押送发配孟州，途经十字坡，进了孙二娘开的酒店。孙二娘在酒里下了蒙汗药。两个公人忍不得饥渴，只顾拿起来吃了。武松对十字坡酒店早有耳闻，起了防备之心，等得孙二娘转身入去，便把酒泼在僻暗处，口中虚把舌头来咂道："好酒！还是这酒冲得人动！"

孙二娘出来拍手叫道："倒也，倒也！"那两个公人望后扑地便倒。武松也把眼虚闭，扑地仰倒在凳边。孙二娘大喜，吩咐伙计将两个公人扛进去，她把武松提将起来，武松就势抱住孙二娘，两手一拘，拘将拢来，两腿挟住孙二娘，压在孙二娘身上。那孙二娘被按压在地上，只叫道："好汉饶我！"哪里敢挣扎。正在此时，张青赶到，问明武松姓名，夫妻纳头便拜。原来，张青、孙二娘早闻打虎英雄的大名。从此，武松与张青夫妇成了朋友。

后来，好汉武松大闹飞云浦，血溅鸳鸯楼，连夜出城。武松在十字坡酒楼，将息了三五日，张青推荐武松去二龙山鲁智深、杨志那里落草。孙二娘心细，对武松说："如今官司遍处都有了文书，出三千贯赏钱，画影图形，到处张挂，阿叔脸上现今明明地两行金印，走在前路，须赖不过。"孙二娘出了个主意，让武松把头发剪了，做个行者，遮住额上金印。武松凭着出家道人的装扮，逃避了灾难。

梁山好汉大都是不记仇的人。晁盖七雄劫了生辰纲，给杨志造成了多大的麻烦，后来杨志不计前嫌，痛痛快快地上了梁山。李逵杀了朱仝看护的小衙内，朱仝恨死了李逵，后来朱仝上了梁山，并没有记李逵的仇。李逵与张顺在陆上、水上打得你死我活，在宋江、戴宗的劝解下，立马又在一起喝酒。武松在十字坡酒店大打了一场，最后谁也不记谁的仇。徐宁、李应、卢俊义日子过得好好的，被梁山用诡计赚上山，这几位对梁山好汉的行为均给予谅解。梁山好汉之所以不记仇，是因为胸怀大、不小肚鸡肠，宽容为上。宽容他人等于厚待自己。武松宽容了孙二娘其实是厚待了自己，使自己难中避祸。

宽容是一种善良的表现，更是一种宽阔的胸襟。人类的和谐、社会的稳定都需要宽容。在复杂的社会活动中，有时候自身的利益难免受到别人的侵犯，自己也会在自觉和不自觉中侵犯别人的利益，宽容才能使我们摆脱这种无休止的利益纷争。社会生活是矛盾的统一体，有朋友，也会有敌人；在恩人，也会有仇人。如果没有宽容，社会就成为充满仇恨、报复、争斗的"险恶江湖"。

宽容，于人是施恩行善。宽容有时胜过关爱，它虽然不是物质和精神的给予，但可以帮人避免损失；它虽然不是从正面帮人克服困难，但能够从侧面帮人摆脱困境；它虽然不是直接助人成功，但也能改变一个人的命运。

宽容给人出路。人有时会犯错，往往是被逼无奈，做出出格的事来，但对于被侵犯的一方未必有多大损失，放人家一马，他便有了出路。人的过错伤害了他人，过错者大多会满怀歉意，并会想方设法去弥补过错。而这种反思能否兑现，就取决于受害者的态度。假如你能宽容，矛盾就会向积极的方向转化；假如你斤斤计较，歉意就可能转化为敌意。别人有了过错，何不给他一个台阶下，使别人有了一个反省和悔过自新的机会，过错者就会放下包袱轻装上阵，把以后的路走好。

宽容并不只是对别人的谦让、施舍、谅解、友善，自己同样是宽容的受益者。宽容行为会给自己减少很多不必要的麻烦，还会为自己赢得信任、尊重、友谊和忠诚。

宽容解脱烦恼。人的胸襟开阔，就能海纳百川，在与他人的交往中，就不会因别人触及了自己的利益而恼怒，就不会因为别人提了自己的意见而不悦，也不会得理不饶人。在看待别人的时候，就不会求全责备，吹毛求疵，就能够容纳别人的缺点。况且，每一个人都会有缺点和过错，同样需要别人的宽容，如果你懂得宽容别人，就不必担心别人憎恨你、报复你。

宽容化解敌意。人生中有许许多多的恩怨情仇，尤其是结下的仇恨，只有宽容才能帮助我们化解。在我国古代，齐桓公不计前仇重用管仲，成为世人赞颂的明君贤臣；蔺相如大人有大量，原谅了廉颇的无礼，两人成为刎颈之交。美国总统林肯曾说：“把敌人变成我的朋友时，难道不是在消灭我的敌人吗?”林肯认为，对手也可以成为朋友，即使对方满怀敌意，但为我所用时，这种敌意就化作动力。

一个人宽宏大量，就会拥有一个良好的人际关系。因为你宽容，人家就信任你，愿意向你吐真言、表真情、显忠诚。特别是在事关他人前途命运的时候，你的那份宽容会使人感恩。古人云：得人心者得天下。要成大事，宽容是必备的品质。

仇恨不能化解仇恨，宽容才能化解仇恨。多一个朋友多一条路，多一个冤家多一堵墙。

“不知拒绝，险矣哉！”

——武松拒绝潘金莲

武松因景阳冈打虎，做了阳谷县都头，一日在街上遇见哥哥武大郎，二人回家。潘金莲初见武松一表人才，心中寻思：“武松与武大是一母兄弟，他又生得这般高大。我嫁得这等一个，也不枉了为人一世！你看我那三寸丁谷树皮，三分像人，七分似鬼，我直恁地晦气！据着武松，大虫也吃他打了，他必然好气力。说他又未曾婚娶，何不叫他搬来我家里住？不想这段因缘却在这里！”

潘金莲想入非非，武松并不知晓，再加上武大郎也希望武松在家里住，武松便从县里搬过来了。一日天寒，潘金莲将武大郎打发出去卖炊饼。武松回家后，潘金莲见是个机会，于是把酒、果品、菜蔬搬到武松房内，安排武松吃饭。那妇人将酥胸微露，开始挑逗武松。先是去武松肩胛上一捏，说道：“叔叔，只穿这些衣裳不冷？”武松已有五分不快意，也不应她。潘金莲见武松不应，劈手夺火箸，继续挑逗：“叔叔，你不会簇火，我与你拨火，只要一似火盆常热便好。”武松有八分焦躁，只不做声。潘金莲欲心似火，筛了一盏酒，自呷了一口，剩下大半盏，看着武松道：“你若有心，吃我这半盏儿残酒。”

此时的武松，早已忍耐不住，面对潘金莲的撩拨，正言拒绝道：“武二是个顶天立地、噙齿戴发男子汉，不是那等败坏风俗、没人伦的猪狗。

嫂嫂休要这般不识廉耻，为此等的勾当。倘有些风吹草动，武二眼里认的是嫂嫂，拳头却不认的是嫂嫂！再来休要恁地！”真是斩钉截铁！人生在世，会遇到一些诱惑，对待这些诱惑，该拒绝就一定要拒绝。君不见，那些堕落的、栽跟斗的、失足的人，无不与不知拒绝诱惑有关。

宋江在郓城县当押司时，却不会拒绝，因不知拒绝惹出大祸。宋江乃一江湖好汉，绝非好色之徒，他对有困难的人施恩不图报。阎婆惜的老父病故，因无钱葬送，停尸在家。求到宋江面前，宋江二话没说，帮助解决了棺材，又赠银十两。阎婆惜的老母亲想把女儿嫁给宋江，托王婆说媒。宋江初时不肯，后来禁不住王婆的撺掇，还是应允了。宋江因不知拒绝，才有后来的“坐楼杀惜”一段事情。

从武松和宋江两段故事看，知不知拒绝，关系大矣。拒绝，难免得罪于行诱惑之人，武松就得罪了潘金莲；不知拒绝，难免坠入诱惑的陷阱。何去何从？在诱惑面前，人陷阱事大，得罪人事小，当然应当拒绝。“须知香饵下，触口是铁钩。”

“人之初，性本善”，这话不假，大千世界，绝对没有一生下来就打算干坏事，甚至干一辈子坏事的人。但是，人有个弱点，有了“第一次”，常常难禁第二次、第三次……的诱惑。那些长期廉洁奉公、严于律己的人，也会像其他人一样，受到诱惑、拉拢、腐蚀。他们能保洁终身，是因为知拒绝，恪守信念，不为所惑。大凡对腐朽东西的浸染，第一次挡不住，就会越陷越深；第一次挡住了，便有了“抗体”，保洁就容易多了。“不知拒绝，险矣哉！”人选择地狱还是选择天堂，常系一念之间。人如果成为欲望的奴隶，财迷心窍、权欲横流、色令智昏，十之八九要走上覆灭的道路。欲望是人前进的一种动力。人活着，当然要努力奋斗往前走。但也要知道什么时候该“往回跑”，即收回欲望，这就需要当拒则拒。

对于拒绝，只“知”拒绝还不够，还要“会”拒绝。知拒绝而不会拒绝，等于没拒绝。

拒绝不在乎多么慷慨激昂，而在乎入情入理。在菊花会上，宋江作《满江红》一词，写毕，令乐和唱这首词。正唱到“望天王降诏，早招安，心方足”时，只见武松叫道：“今日也招安，明日也要招安，冷了弟兄们的心！”李逵睁圆双眼，大叫道：“招安，招安，招甚鸟安！”鲁智深也道：“招安不济事。”这三位好汉都反对招安，也表示了拒绝，但却不会拒绝，因此三位好汉的拒绝虽然激昂，但却无力。一是因为碍于宋江哥哥的情面，怕得罪人。二是放了空炮，虽心中拒绝招安，口中也拒绝招安，但未见诸行动，空有拒绝之名。倘若武松、李逵、鲁智深有拒绝的行动，宋江也就不得不考虑一下了，毕竟三位在山寨里都有重要的地位。三是拒绝时说不出什么道理来。武松说冷了兄弟们的心，那么弟兄们到底是什么心？上山来干什么的？招安为什么与许多弟兄的心格格不入？倘若武二郎侃侃而谈，讲出一番道理，宋江倒还真可能改变主意。鲁智深的“招安不济事”，话说到了点子上，以后的事实也证实了招安是一条死路，但是鲁智深并没有深究道理。所以宋江问武松“如何冷了众人的心”，武松竟无言可对。拒绝的理由道不出，拒绝自然缺乏力度。

拒绝的要领之一是态度要坚决，该拒绝的，不留回旋余地。武松拒潘金莲就坚决，宋江拒王婆就不坚决。

拒绝的要领之二是要讲出令人信服的理由。卢俊义初被擒上梁山，宋江请卢俊义当山寨之主，被卢俊义拒绝了。卢俊义回说：“宁就死亡，实难从命。”这表示了拒绝的坚决。次日，宋江大宴卢俊义，又提请卢俊义留在山寨之事。卢俊义答道：“头领差矣！小可身无罪累，颇有些少家私。生为大宋人，死为大宋鬼，宁死实难听从。”卢俊义这是讲拒绝的道理。我又没犯什么罪，我活得好好的，与你们不一样，我凭什么入伙。宋江等人若再劝下去就太没意思了，岂不是强人所难。

松下幸之助年轻时当推销员,推销工厂生产的产品。有一位买主出的价钱太低,松下不能接受,对买主说了一番话:“我可以同意你给的价钱,但是我想起工厂车间里的工人整天辛苦流汗,做出产品多不容易!所以,想起他们的辛劳,我实在不能同意你给的价钱。”买主说:“那就按你的价钱吧,你的理由说服了我。我遇到过许多推销员,但谁也没有说出你这样的理由来。”

拒绝之三是要讲究技巧,尤其是婉拒,话不可说得太生硬。有时别人要求你做什么,或给予你什么,并非原则是非问题,很多情况下是出于善意。在这样的情况下,还是尽量婉拒而不伤人家面子为好。拒绝既需要有大事不糊涂的清醒,也需要有小事不生硬的技巧。

例如,别人想求你办事,你刚好没有空,或无能为力,该婉拒还是要婉拒的,如果硬着头皮承诺下来,办不成事反而更得罪人。婉拒一定要入情入理,坦言相告自己的为难之处,表示自己不能误人之事,务必请人家谅解;如果有可能,给人家出点主意也不失为上策。

例如,不想回答别人的问题,一句“无可奉告”过于简单。拒绝要讲究应变策略。

某外国记者问周恩来总理中国货币资金有多少,对于这种明显涉及国家金融机密的提问,周总理笑答:“十八元八角八分。”有一回,某外国记者问外交部发言人沈国放:“今年邓小平身体状况有无变化?”沈国放答道:“变化?有!”但他接着道:“那就是他又增长了一岁。”语气委婉地回避了对方的真实意图,虽未说“无可奉告”,但实际上达到了“无可奉告”的目的。这种回答,既不伤问者的面子,也活跃了会场气氛,使问者感到答者少了官架子,更显人情味。

可以借用比喻,巧妙拒绝,这样既不伤别人的感情,也不让自己“死要面子活受罪”。也可以运用语言的歧义,装着曲解请求者的意思,做貌似认真的回答,在曲解中把拒绝之意融于其中。

好风凭借力，借梯能登天

——金眼彪结交武松

武松斗杀西门庆，又杀了潘金莲，为哥哥武大郎报了仇。府尹哀怜武松是个有义的烈汉，轻判了武松，发配孟州。

待到孟州之时，那管营相公正在厅上坐，五六个军汉押武松在当面。管营道："凡初到配军，须打一百杀威棒。"军汉拿起棍来，却待下手。只见管营后边立着一人，在管营相公耳边略说了几句话。管营道："新到囚徒武松，你路上曾害甚病？"武松说我好好的害什么病。管营却非说武松害了病，没打武松的杀威棒。

武松正与牢房的众囚徒议论这杀威棒的事。一个军人托着一个盒子入来说："管营叫送点心给新配来的武都头。"武松看时，有酒有肉有面有汤，于是不管三七二十一吃光喝尽。看看天色晚来，只见先头那个人又来给武松送晚饭，有酒肉鱼饭。那人等武松吃了，收拾碗碟回去。不多时，那个人又和一个汉子两个人来提了浴桶和热水让武松洗浴，又给武松挂起纱帐，铺了藤席，放了凉枕。武松心想："随他便了，且看如何。"放倒头便自睡了。

一连三日，每餐都是好酒好饭请武松吃，并不见害他的意。武松心中疑惑，问送饭的军人是谁让他送的饭，军人道："是管营相公的家里小管营教送与都头吃。小管营吩咐道，教小人且送半年三个月。”武松坚持要见小管营问个明白，否则不吃这酒饭。于是，引出了好汉施恩。

施恩，使得好拳棒，绰号金眼彪，在东门外快活林开了一间酒肉店，生意非常好。近来有一个叫蒋门神的人到此，蒋门神身高九尺，有一身本事，使得好枪棒，拽拳飞脚，相扑为最，来夺施恩的酒店。施恩不肯让他，被蒋门神一顿拳脚打了，两个月起不得床。施恩久闻武松是个大丈夫，想请武松帮忙报仇，好酒好肉伺候是为了帮武松恢复体力。这才引出《水浒传》中“施恩重霸孟州道，武松醉打蒋门神”的精彩故事。

施恩力薄，无力对付恶霸蒋门神，于是借武松的力夺回快活林酒店。施恩遇到了难处，自己单独干不了，倘若不想求人帮忙，怕丢面子，只能收兵不干，中途放弃。求人不是丢人的事，世上谁人不求人？武松帮助过人，也求过人，他求过柴进、张青夫妇帮忙。你求人，人求你，互相帮助，正是人际关系的一个纽带。

“智猪博弈”是经济学中的一个著名博弈论例子。

猪圈里有一头大猪，一头小猪。猪圈的一边有个踏板，每踩一下，在踏板的另一边的投食口就会落下少量的食物。如果有一只猪去踩踏板，另一只猪就有机会抢先吃到另一边落下的食物。当小猪踩踏板时，大猪会在小猪跑到食槽之前刚好吃光所有的食物；若是大猪踩动了踏板，则还有机会在小猪吃完落下的食物之前跑到食槽，争吃到另一半残羹。

那么，两只猪各会采取什么策略呢？答案是：小猪将选择“搭便车”的策略，也就是舒舒服服地等在食槽边；而大猪则为一点残羹不知疲倦地奔忙于踏板和食槽之间。

对小猪而言，踩踏板将一无所获，不踩踏板反而能吃上食物，所以不踩踏板总是好的选择。反观大猪，已明知小猪是不会去踩动踏板的，自己亲自去踩总比不踩强吧，所以只好亲力亲为了。

“智猪博弈”的故事主要探讨游戏规则的设计问题，但给了竞争中弱者以借力作为最佳选择的启示。

如果某一个方案能借到力，你应当优先考虑。你是竞争中的强者时应当这样，如果你是竞争中的弱者，更应当这样。

管理学中有一个雁行理论：大雁具有很强的团体意识，也非常聪明，它们飞行时都呈V形。这些雁飞行时定期变换领导者，因为为首的雁在前面开路，它拍动翅膀产生的上升气流能帮助它两边的雁节省体力。这样，每只大雁在飞行中扇动翅膀，为跟随其后的同伴创造有利的上升气流。科学家发现，在体力相当的情况下，大雁以这种形式飞行，能比单独飞行多飞出12%的距离。

大雁选择V形队伍飞行，是一种巧妙的选择，可以提高效率、降低消耗。雁行理论也说明了借力的作用，尤其是相互借力的作用。

《红楼梦》中的薛宝钗填过一首《柳絮词》，其中有一句是“好风凭借力，送我上青云。”她一反大贬柳絮飘浮无根、无所依附的写法，而是用肯定的态度对其做了赞美，这正是薛宝钗见识的独到之处。从中也得到一个启示：一个人在事业上要想获得成功，除了靠自己的努力奋斗之外，有时还需要借助他人的力量，才能平步青云或扶摇直上。“好风凭借力”即“借梯登高”之策。

没有人能独自成功，过去没有，现在没有，将来也没有。康熙大帝晚年时曾敬了三杯酒，第一杯酒敬给孝庄太皇太后，是孝庄太皇太后把幼小的康熙拉扯大，在许多危难时机力挽狂澜，使他转危为安。第二杯酒敬给天下的臣民，康熙说，没有天下臣民的鼎力支撑，就没有大清的盛世。第三杯酒敬给鳌拜、吴三桂、郑经等仇敌，这些仇敌从反面帮助了康熙励志、磨炼、成熟。康熙所敬这三杯酒，说明了他不是独自成功的，有那么多的人在帮助他。你若想成功，想获得生存和发展，必须让更多的人帮助你。智者找助力，愚者找阻力。在当今社会，任何人的个人能力都微不足道，个人能力如果不与团队精神结合，必然产生不了理想的效益。有的人之所以觉得问题难，就因为他只倚重自己的才华和能力，而不懂得去获取别人的帮助。

我们怎样才能争取到更多人的帮助呢？

第一，行善、助人、忠诚、为民。

纵观中国历史，陈胜吴广、黄巢、李闯王、洪秀全得道，义旗一举，四方百姓聚之；岳家军抗金、杨家将抗辽、戚家军抗倭，四方百姓助之。商纣、夏桀、秦始皇、隋炀帝暴政，众叛亲离。现在企业界看重“顾客忠诚度”，你如果不做善事，人家凭什么要对你“忠诚”。

第二，与人交往要讲究礼貌。

谁也不愿意帮助不讲礼貌的人。不讲礼貌的人，言、行令人反感。讲礼貌不仅表现在表面礼仪上，更重要的是从心理上尊重人、不伤人家的自尊心。因此，你应当改变以下的不礼貌现象。

话题以自我为中心，不管人家爱听不爱听，而且滔滔不绝，口若悬河，说得没完没了。当对方另换话题时，又阻挡人家，毫无听取对方谈话的礼貌。

不注意对方的民族习俗、风土人情、爱好禁忌、个人隐私，信口开河，只顾一时痛快，说了犯忌的话。

说话仪态失常、以老大自居、轻视他人、怠慢对方，使人感受到不平等。

不懂装懂，说了外行话还强词夺理。讲话不留余地，使对方感到条件过于苛刻，不好通融。

只想得到人家的好处，而自己“一毛不拔”，不想吃亏，让对方感到不可信任。

听别人谈话时表现得很不耐烦，东张西望、心不在焉，不时地看手表、打哈欠，让对方感到自尊心被伤害。

第三，不要无故得罪人。

不要四面树敌。在复杂的社会关系中，人与人的关系盘根错节，互有牵连。你无意中得罪了一个人且没有取得谅解的话，很可能影响一大片。不要得罪合作者。往往因为一件小事会给人们带来很多意想不到的麻烦。现代社会里，分工越来越细，每做一件事，都要讲究行业与行业、部门与部门、人与人的协作关系。

第四，善用助力相加法。

尽可能增加能够帮助和关心你的力量。加法无处不在。天时、地利、人和，三者相加，最容易成功。将一种阻碍你的力量，变为支持你的力量，这是最大的加法。

“一个篱笆三个桩，一个好汉三个帮。”不懂得或不善于利用他人的力量，光靠单枪匹马闯天下，在现代社会里是很难大有作为的。

做事贵在务实，花拳绣腿不中用

——王进棒打九纹龙

八十万禁军教头王进被太尉高俅迫害，弃官逃出京城，路经史太公庄上，受到太公的款待。一日，王进看见有一个十八九岁的后生，正在一片空地上舞棒。王进看了半晌，不觉失口道：“这棒使得好，只是有破绽，赢不得真好汉。”那后生听后大怒，喝道：“你是什么人？敢来笑话我的本事？俺经了七八个有名的师父，我不信倒不如你？你敢与我比试吗？”

这位年轻后生正是史进，因身上刺了一身花绣，肩臂胸膛共有九条龙，人称九纹龙。王进见史进是史太公的公子，便向太公提出要指点他习武，太公当然高兴。但是史进高低不肯拜师，扬言王进赢了他这条棒，才肯拜王进为师。王进怕冲撞了史进，不肯动手，后来，在史太公的要求下，这才同意比试。

史进抡棒追向王进，王进却拖棒便走。史进抡棒又赶上来，王进回身，反手中棒朝史进劈下。史进见王进的棒劈来，用棒去隔。王进却不打下来，将棒一掣，却向史进怀里直搠过来，只一搠，史进丢了棒，扑地向后倒下。王进没费功夫，只一两招，就把棒使得风车儿似的史进击倒。史进这才知道自己的这点本事原来不值半分，赶忙搬来把凳子请王进坐下，这就拜王进为师。

原来史进的武艺，正如王进所说的那样，都是花棒，只是好看，上阵却没什么用处。后来，史进虚心向王进求教，从头开始学习十八般武艺，经王进尽心指拨，史进果然练成真功，后来成为梁山泊的一员勇将。

世上有两种习武之人，一种练的是真功夫，冬练三九，夏练三伏，靠的是千锤百炼，像教头王进；另一种练的是假功夫，俗称花拳绣腿，好看不中用。这种假功夫只能糊弄外行，但是一遇强手就败下阵来，就像未出道时的史进那样。两种功夫，两种结果，前者练的是“内功”，后者搞的是“虚功”。

我国有谚曰：“名下无虚士。”负有盛名的人必定有真才实学。但是，也有的人“盛名之下，其实难副”。名不符实者有，沽名钓誉者有，花拳绣腿、绣花枕头也有。但是，斗大虚名又能值几何？人而爱名，无可厚非；进取功名，无可非议。但是，爱名不可爱虚名，进取功名需正道直行才对。

花拳绣腿打不了仗。

战国时期赵国的赵括，从小跟父亲赵奢读了不少兵书，学了整套兵法，理论上很能说上一套。但是，赵括是一个空谈家，父亲赵奢对他最为了解。赵奢对妻子说：“赵括对关系到生死存亡的战争夸夸其谈，说得很容易，但他并没有什么真实的本领，今后如果赵国用他做大将，叫他带兵打仗，断送赵军的一定是他。”果然，纸上谈兵的赵括当了大将后，在长平之战遭到惨重的失败，断送了四十万军人的性命。

三国时，东吴的首席大臣张昭很有学问，可惜也是“花拳绣腿”。诸葛亮在舌战群儒中曾批驳张昭的空谈“坐议立谈无人可及，临机应变百无一能”，也就是俗称的“嘴把式”。在现实生活中，确有不少如张昭那样的“饱学之士”，他们天文地理、三教九流，无所不知，书读得确实不少。但是，他们不能动手，不会处世，想不出点子，也解决不了问题，除了书上讲的，他们一无所知。

当代出现了不少考试型的“人才”，论考试、做题的本事确实很有招数。于是，他们很顺利地当上了博士教授。也有许多写论文、做课题的“高手”，课题做得能屡屡获奖，论文写得每每能被权威系统收录。但是，在他们之中不乏无能者，甚至什么事也做不好，做出的课题、论文中“垃圾”居多，不能转化为生产力，不能产生效益。花拳绣腿使他们终生平庸，虚有“博士”、“教授”之名。

许多家长和学生非常看重分数，曾有“分，分，学生的命根”之说，其实分数不是衡量学绩的唯一依据。但是，人们似乎走入了一个误区：以分数评判学习的好坏，以文凭度量知识的多寡，以证书表明才能的高低。应试教育的结果，就是培养了一大批高分低能的“书呆子”。且不说能力与素质，仅从评估学生的学习情况角度看，分数也不能说明什么，学校按分排名次，第一名与第二名也只不过差个一两分，一两分究竟有多大差距，这个差距又能说明什么？其实什么也说明不了。著名学者梁漱溟考北京大学没有考上，当时的北大校长蔡元培看了梁漱溟的文章，认为他有很高的学术水平，就说：“梁漱溟当不了北大的学生，就让他来当北大的教授吧。”正由于蔡元培对分数的藐视，才造就了一位著名的学者。

“60分万岁”者，都是胸无大志吗？那要具体分析，有些大学生确实在混日子，他们无聊地打发着时间，以主要精力去玩、侃、谈恋爱，对于正常学习，他们不想学，这些人只求60分，这反映了他们对学习、对人生不负责任的态度。但是，另外一些同学不是这样，他们对人生有积极的态度，他们太想学了，而且也学会在学习上不平均使用力量，有主有次，对于主干课程和主要技能的训练，他们投入极大的精力和时间，对于一看便懂、凭死记硬背便能得高分的课程，他们偏偏不肯下太大的工夫，只求及格，他们对奖学金、评“三好”看得很淡，踏踏实实地做好自己的事，我们当然不能一味指责他们胸无大志。

大学生应当算一笔账，为了考得好分数，投入极大精力去死记硬背，占用了太多的精力和时间，值吗？这些时间本来可以干更多的、更有用的实事。

如果一切围着分数转，那些对人生、学业极有益处的低学分课，你学不学？那些不考试、没有分数的知识，你学不学？上大学，当然要能毕业，要有学位，这是最起码的要求。但比这更重要的是人生底蕴的厚积、人格的完美、素质的提高。如果你做到这些，那就是名副其实的合格大学生；如果你做不到这些，只有高分，一堆“证”，那就是弃实取虚，虽读完大学，但整体素质一点也没提高。如果说中小学生把分数看得略重一些是一种无奈，因为还要中考、高考，那么，大学生们如果还把分数看得那么重，就有点“傻”了。学习贵在务实，分数有一定的作用，但分数毕竟不是命根，分数之外还有广阔天地。

有些官员，处心积虑地企图捞一顶硕士帽、博士帽戴戴，但又不懂外语，便请人捉刀代考，东窗事发出了丑。有人只管着“十来个人、七八杆枪”，便在名片上写上自己是××“总”公司的“总”经理，让人大跌眼镜；还有人居然在名片上大书自己是“著名企业家”之类，徒增笑料。

有的企业不去苦练内功，而是利用回扣作为敲门砖，让自己的假冒、伪劣产品畅通无阻；不去兴利除弊、改革管理，而是不惜重金去做虚假广告，制造轰动效应，可是产品却越做越差。做与产品脱节的假、大、空的广告，就是在做虚功，消费者对之的反感与日俱增。有的企业十分热衷含金量极低的奖牌，煞费心机或付出了沉重的代价去买金牌，却并不能给自己的企业形象增色。

有的企业不下工夫练内功、搞管理，而是热衷于请点子大王、策划大师、CI公司、广告公司，搞轰动效应，企图用一个点子救活企业，希望做个广告，让白开水也能卖出去。上述这些活动当然会起到一定的作用，但是，如果是一只猛虎，给它插上翅膀，它会猛上加猛；如果是一只木虎，给它插多少翅膀，它还是飞不起来，打铁须得自身硬。

花拳绣腿传不得世，凭着花拳绣腿获得的赞扬和奖励，瞬时即逝。

有一位女作家被邀请参加笔会，坐在她身边的是一位年轻的男作家。

她衣着简朴、态度谦虚。男作家认为她只是不入流的作家而已。于是，他有了一种居高临下的心态。

“请问小姐，你有什么大作发表呢，能否让我拜读一两部。”

“我只是写小说而已，谈不上什么大作。”

男作家说：“你也是写小说的？我已经出版了339部小说，请问你出版了几部？”

“我只写了一部。”

男作家有些鄙夷，问道：“噢，你只写了一部小说。那能否告诉我这本小说叫什么名字？”

“《飘》。”女作家平静地说。那位狂妄的男作家顿时目瞪口呆。

女作家叫玛格丽特·契尔，她一生只写了一部小说。现在，我们都知道她的名字，但这个故事中那位自称出版339部小说的作家的名字，已经无从考查了。一百件花拳绣腿的事比不上一件实实在在的事。

深藏不露是一种智慧

——梁山好汉智赚李应

扑天雕李应恰才将息得箭疮平复，闭门在庄上不出，暗地使人去探听祝家庄消息。已知宋江破了祝家庄，惊喜相平。

一日，有本州知府带领三五十人到李家庄。知府道："祝家庄有状子告你结连梁山泊强盗，引诱梁山军马破了祝家庄，前日你又受梁山鞍马羊酒、彩缎金银，你如何赖得过？"喝令叫狱卒牢子将李应、杜兴拿了。知府道："带他到州里与祝家分辩。"一行人离了李家庄。

行不过三十里，只见林子边撞出宋江、林冲、花荣、杨雄、石秀一班人马，拦住去路。那知府等人不敢抵抗，撇了李应、杜兴逃命去了。宋江喝令："赶上！"众人赶了一程回来道："那知府不知去向。"宋江请李应上山躲几时，李应不愿上山。宋江道："我们一走，必然要负累了你。既是大官人不肯落草，且在山寨消停几日，打听得没事了时，再下山来不迟。"宋江说得入情入理，李应、杜兴推辞不得，只好跟着梁山军马上了山。

李应上山后受到晁盖等众人迎接、款待。李应道："我二人在此不妨，只不知家中老小如何，还是让我们下山吧。"吴用笑道："宝眷已都取到山寨了，贵庄一把火已烧为平地，大官人却回哪里去？"李应不信，见车仗人马，队队上山来，正是自家的庄客并老小人等。妻子对李应说："你被知府捉了来，随后又有两个巡检引着四个都头，带领二百来士兵，到来抄扎家私。把我们好好地叫上车子，将家里一应箱笼、牛羊、马匹，都拿了去，又放火烧了庄院。”李应于是被骗上山来。

宋江与李应厅前叙话，宋江笑道：“大官人，你看我叫过两个巡检并那知府来。”原来，宋江、吴用导演了一场戏，演员皆为梁山头领。扮知府的是萧让，扮巡检的是戴宗、杨林，扮孔目的是裴宣，扮虞侯的是金大坚、侯健。又叫唤那四个都头，却是李俊、张顺、马麟、白胜。李应见了，目瞪口呆，言语不得。

梁山好汉智赚李应，演了一场“假戏”，但确是认认真真地“真唱”，“假戏真唱”是一种虚实的方法，它示假隐真，巧妙地利用对手的思维错误和认识上的盲点，以达到出奇制胜的目的。

假戏真唱有许多形式：善意的谎言，慰问危重病人，总要编些瞎话，对病情轻描淡写，减轻病人的心理负担；假设盟友，以示自己的强大；假设合作者众多，以促使真正的谈判者签约，如有些销售谈判进行期间，常有电话打进来要求订货，“演戏者”居多；示敌于虚形，以虚隐实，以假隐真；声东击西，明修栈道，暗度陈仓等。

假戏真唱需要保密，一旦失密，这出戏就白唱了。如果施计者的真实意图为对手所知，不但施计者将枉费心机，而且可能会被对手所利用，来一个将计就计。

假戏真唱不能有一点破绽，要像真的一样。为了装得像，施计者不但要计出万全，而且要不惜花费大量费用。

假戏真唱的目的是以虚隐实，隐实的目的又在于发动真正的攻势。因此，要以十倍的努力造疑兵，以百倍的努力造真兵。因为，打起仗来还是要靠强大的真兵，疑兵只是一种手段。

广为流传的“三十六计”，计计都是迷惑对方的妙法，都是为了使对方陷入某种圈套，从而战胜对方。“难以捉摸”是三十六计的“灵魂”。倘若轻易让人识破，要计何用？所以，三十六计，计计都可被称为疑兵计。诚然，“假戏真唱”、“以假隐真”、“无中生有”、“瞒天过海”，都是以“欺”和“诈”为核心的计谋，但就方法本身而言，仅仅是一种工具和手段，无所谓善恶美丑之分，正如丘吉尔声称：“在战争时期，真理总是以谎言为保镖。”这就道出了兵战诡道。

我们平时在公关、谈判、推销之中，从道德出发，不丢失诚实善良的本质，“假戏真唱”可用。但是，如果违背了道德，以假乱真之术欺骗对方、欺骗顾客，则害人害己，后患无穷。

假戏虽可唱，守法应当先。

常规思维有弊端

——七雄智取生辰纲

自古江湖上不管是绿林好汉，还是土匪强盗，劫人财物不外乎两种方式：一是开黑店，在客人酒里下蒙汗药，张青、孙二娘开的十字坡酒店便是一例；二是公开抢劫，刀枪棍棒相逼，明打明地干，口中还唱着什么“此路是我开，此树是我栽”的歌谣，清风山上的燕顺等人就是这么干的。

晁盖、吴用等七雄欲劫生辰纲，用上述两种办法都不行。用酒店下蒙汗药的办法缺乏条件，因为晁盖他们没有现成的酒店，即使有酒店也不一定能留得住杨志一伙人。在路上强行劫掠也有诸多不便。其一，强行劫掠需要许多人干才行，而人多必口杂，容易泄露计划，反而弄巧成拙。何况押送生辰纲的杨志也是一条好汉，武艺高强，手下又有健壮军汉一行十五人，而晁盖、吴用这边仅有八人，力取不易。其二，凡公开在路上抢劫的，抢劫后的财物都送上山寨。晁盖等人当时无山无寨，劫了生辰纲以后，必须有一个秘密的藏处，因此必须保持机密，公开去干容易走露消息。

吴用不愧被称为智多星，他不用常规方法，而是在路上下蒙汗药。自古以来只有在酒店偷偷下药，在路上如何下得？你在酒里下了药，人家未必去喝。吴用的思维高明就在于此，因为无人去做的事可能就是一条捷径。在路上下蒙汗药，只要下得巧，人家亦不会提防，智取生辰纲的成功可能性更大。因此，晁盖等七雄和白胜硬是在光天化日之下，在杨志及军差众人的眼皮底下，神不知鬼不觉地把蒙汗药下到酒桶里，不动刀戈，轻而易举地劫走了生辰纲。吴用的思维乃求异思维，与众不同。这刚好应了一个古谚：欲向山中寻宝路，独到无人涉足处。

常规思维是一种人们固有的思维定式。这些定式，规定了人们应当怎么想，怎么做；规定了什么是对的，什么是不对的。常规思维认为，前人这么想的，大多数人这么想的，因此你也应当这么想。但是，我们面前的世界是复杂的、变化着的，我们遇到的问题是多元的、深刻的，企业用一种常规思维去解决所有的问题是不可能的。常规思维可能奏效于一时，却不能奏效一世；可以取胜于一地，却不能全胜于四面八方；适用于一般问题、常见问题的解决，却不适用于特殊问题、罕见问题的解决。况且，常规思维以狭窄、单向、僵化的思维定式，束缚人的头脑，常常使人走入死胡同。

在我们解决问题时，常规思维不是不能用，而是不能以它为唯一的思维途径。兵战无定法，商战无定法，解决困难无定法。如果大家都循常规思维办事，人进我也进，人退我也退，人做我也做，那么我们的人生路就如千军万马过独木桥一般，不但挤不过去，甚至可能从桥上跌下去。例如许多生产各式各样的咖啡壶的商家，以各式各样的手段展开推销竞争而挤在一条狭窄的独木桥上时，即便是胜者又能占到多大便宜呢！此时，一种新的产品——“速溶咖啡”却另开一径——乘船过河，在宽宽的河面上独自航行，很快到达了彼岸。这时咖啡壶商家恍然大悟，原来咖啡不一定非得在壶里煮才能喝，不煮的速溶咖啡根本用不着咖啡壶。做事的思维历来就有极为广泛的途径，正着思索行，反着琢磨也行，换一种思路还行，思维途径可不是“自古华山一条路”。

常规思维有自己的适用范围，用它解决有普遍规律的常规问题很有效。但是遇到七雄取生辰纲这样的非常规问题，就需要求异的思维方法。求异思维是指对某一研究对象通过多起点、多方位、多层次、多结果的思考和分析，以求解决问题的一种思维方法，它不受经验的束缚，冲出思想定势，不落俗套，善于标新立异。

常规思维有弊端：

其一，常规思维有时走不通，求异思维却可“柳暗花明又一村”。取生辰纲，若用常规思维必走不通，吴用用求异思维，便可变“不可能”为“可能”。许多事情看似不可能，其实是被常规思维束缚，打破了常规思维，许多不可能就会变为可能。

越是一般人认为不可能的事情，其实越有可能做到。大家认为不可能，必然谁也不去关注，谁也不去做，谁也不去设防阻止别人去做，“不可能”实现的事情必然没有竞争的对手，你正好能够独身一人乘虚而入。

其二，常规思维在相当多的情况下走得通，可惜只有一条路。茶水只能放在茶壶里沏着喝——常规思维。远足、爬山、旅游时想喝茶怎么办？有办法，带几罐、几瓶易拉罐乌龙茶、冰红茶饮料就行，原来茶水还有别的喝法。

其三，常规思维可以做事，但不一定做得很好。圆珠笔用久了会漏油，问题出在笔珠的耐磨性不够上，与其费大工夫、花大经费去提高一枝不值多少钱的圆珠笔珠的耐磨性，还不如在笔珠未磨损前将笔芯油用完，看它还漏什么油。提高笔珠的耐磨性——常规思维，虽然可以解决问题，但费钱费事。用少装芯油的办法很好地解决了圆珠笔漏油的问题。一般人由于常规思维定式的羁绊，往往压抑了聪明才智，用求异思维去解决问题，不是解决得更好吗？

求异思维就是创新，创新是改革、改进、进步。

其四，用常规思维做事，过去曾经有效，今天未必有效。传统的促销手段被人形象地称为“老三样”：折、赠、奖。折——价格打折；赠——赠品、赠券；奖——有奖销售。这个促销“老三样”已有许多年的历史，曾经风靡一时，但如今的效果已大打折扣，可是有相当多的企业仍然热衷于此，费力去做了无用功，步人促销手段“陈旧”的误区。促销技巧和方法，强调以新奇吸引人，因为人们有求新、求异的心理。“兵贵不复”，总是那么一套陈词滥调，缺乏新意，消费者便会认为太俗，从认为手法太俗，转而认为企业不懂创意，经营水平不高。再好吃的东西，天天吃也会吃腻；再有意思的活动，天天搞也会让人兴趣索然。企业的销售人员需要从“老三样”的求同思维中走出来，搞点新的创意。

常规思维对于解决一般性问题往往有效，但是如果遇到非常规问题时，常规思维又可能束缚我们的头脑。每个人都有许多“常识”，常识大有用处，任何人都离不开它，但是有时候按常识办事反而不灵，这时，不丢掉常规思维就办不成事情。

求异，即改革创新。求异，即求差异，差异是普遍存在的，因此，需要以自己的思考面对差异，学会在差异中发现启示，寻求发明创新的突破口。

何为求异？简言之，我的想法与常规想法不一，我的想法比常规想法高明、简捷、有效。吴用智取生辰纲的方法就比一般绿林好汉的方法高明、简捷、有效。

求异，从常规中突破出去，就创造了千百件新产品。求异是一种观念，是因为它是一种认识社会、改造社会的哲学思想。认识世界不但需要异中求同，而且需要同中求异。求异的观念，就是认识变化、认识运动、认识差异，想前人之未想，做前人之未做，开拓进取。

每一个人的人生之路都得靠自己走。正像世界上没有一模一样的人，世界上也没有一模一样的人生之路，总会存在或多或少的差异。世界上有许多现成的路，是前人踏出来的，是众人踩平的，这些路有的全部都适合你走，有的路只有一段适合于你走，有的路完全不适合你，于是需要思考，不可惟众。世界上有许多通往幸福的地方没有路，荆棘遍布，没有人去走，于是需要你特立独行，真理最初是掌握在少数人手里，因此这一部分人就必须承受有悖常规、有悖传统的压力。

“求同”是我们需要的，它是生存之本。

“求异”也是我们需要的，它是发展、创新之源。

自荐不等于傲气

——小李广花荣射雁

宋江、秦明、花荣、黄信、燕顺一行数百人，离青州去投梁山泊。人马走到对影山，只见前方有两位少年壮士正在比武，一位叫做吕方，另一位叫做郭盛，都使方天画戟。两位壮士斗到三十余回合，不分胜负，这两枝戟上，一枝是金钱豹子尾，一枝是金钱五色幡，却搅做一团，上面绒条结住了，哪里分拆得开。花荣在马上看见了，便把马带住，搭上箭，拽满弓，朝着豹尾绒条搅结处，飕的一箭，恰好正把绒条射断。只见两枝画戟分开，众人一齐喝声彩。

花荣、秦明等九位好汉投奔梁山，受到晁盖、吴用的欢迎。酒席宴上，新入伙的好汉说起吕方、郭盛二人比试戟法，花荣一箭射断绒条，分开双戟。晁盖听罢，意思不信，口里含糊应道："直如此射得亲切，改日却看比箭。"

当日酒至半酣，众头领去阶下闲步，观看山景。行至寨前第三关上，只听得空中数行鸿雁叫声嘹亮。花荣寻思，刚才晁盖意思不信我射断绒条，何不今天就此施些手段，也教众人看看，今后敬伏我。于是取来弓箭，对晁盖说："远远的有一行雁来，花荣不敢夸口，这枝箭要射这行雁中第三只雁的头上。"言毕，望空中只一箭射去，果然正中第三只，直坠落山坡下。急令军士取来看时，那支箭正穿在雁头上。晁盖和众头领看了，尽皆骇然，称花荣为神臂将军。从此以后梁山好汉无一不钦佩花荣。

花荣乃神箭手，但是初上梁山，很多人并不知道。花荣梁山射箭正是展示自己的方法，向大家展现自己的神射手形象，令大家敬佩。花荣展示自己，还有大闹清风寨一节。

刘高捉了宋江，花荣救了宋江回寨。刘高带二百兵士到花荣寨上夺人。此时天色不甚明亮，那二百来人拥在门外，只见两扇大门不关，花荣在正厅坐着，左手拿弓，右手挽箭。花荣竖弓大喝："今日先教你众人看花荣弓箭，看我先射大门左边左边门神的骨朵头！"搭箭满弓只一箭，正射中左边门神骨朵头。众人看了，都吃了一惊。花荣又取第二枝箭，大叫道："你们众人，再看我这第二枝箭，要射右边门神的头盔上朱缨。"嗖的又一箭，不偏不斜，正中缨头上。那两枝箭射定在两扇门上，此时，花荣神射的形象已展现出去。花荣再取第三枝箭，喝道："你众人看我第三枝箭，要射你那队里穿白的教头心窝。"众人已见识到了花荣的本事，"哎呀"一声，一齐跑走了。

花荣的几次展示，正是"亮出我的个性"来，让别人立即就认识了他。有个性，才能区别出你、我、他。在这个世界上，众人之所以能认识你，正是因为你的个性，有个性干吗还藏着掖着，干吗不让众人认识。花荣"亮出我的个性"，靠的是自荐。

为什么需要自荐呢？有一种观点是："是金子总要闪光"，"天生我才必有用"，这两句话有正面影响，鼓励人们要自信，不要自暴自弃；但是也有一定的负面影响，容易使人有消极等待的心态，消极地等待别人发现自己。金子闪光，人才有用，其前提是要被社会承认，如果别人看不见，那一定要自荐；如果别人看得不全面，也需要自荐，否则真的要埋没一世、遗恨终生了。俞伯牙如果不弹琴，露出高超的琴技，怎么会遇到钟子期这位知音？压在盐车下的千里马，如果不引颈长鸣，发出金玉之声，伯乐又何以下决心认定它是千里马呢？卞和献璞，因无人识货，被砍下两只脚，如果他不号啕大哭，楚文王也就发现不了他。毛遂在关键时刻若不自荐，恐怕得当一辈子食客，碌碌无为终生。

自荐不等于傲气，不自荐也不等于谦虚，骄傲与自荐不是一个概念。自荐可以引起社会或组织更多的注意和重视，自荐可以通过自我介绍使人们更加了解自己的真实才能。通过自荐而被聘用的人，其自信心和责任心更强，甚至有一种舍我其谁的感觉，更加激起上进心。

我们的社会应当大力提倡自荐之风。有一种很片面的观点，厌恶自荐者，认为自荐是“出风头”、“脸皮厚”、“不自量力”、“要官做”、“越是要官做就越不让他当”，这种观点堵塞了才路。对“要官做”的人要具体分析。有的人要官做是为了给自己牟私利，并通过不正当的手段，如行贿、欺骗去“买”官，此类人若当上官，一方百姓便会遭殃，万万不能让其得逞。但是有另外一些人要官做是为了为百姓谋利益，与前一种人不可同一而论。电视连续剧《天下粮仓》中有一位米河，原本不想做官，只想为百姓做些事，他的人生信条是“当无品之官，做有品之事”，这个人生信条不可不谓高尚，不可不让人敬仰。但是米河因手中无权，总是力不从心，办不成事，于是米河才下决心走官宦之路。米河为民而做官的做法值得称道。我们的社会、各级组织应当明确制度，疏通自荐的渠道，以科学的方法论证自荐者的条件，一旦确认，大胆使用，并加强监督以使其不致走偏了路。

自荐要讲究方式，千篇一律的求职自荐书，八股文式的应聘讲稿，公式化的问题解答，让你的自荐如同大森林中的一片树叶，谁会注意到你，谁会发现你呢？改变一下自荐方式吧，也许它会帮你敲开求职的门。

自荐的方法，一般有行荐、言荐、书荐三大类，每类之中又有许多种不同的招式。

一是行荐。即以具体行为表现自己的才智和能力。花荣梁山射雁就是行荐，是以行为说话，向公众展现自己的形象，令他人心服口服，满足人们“耳听为虚，眼见为实”的心理状态，虽说信不信是你的自由，但不由你不信。

要与人沟通，总有见第一面的时候，第一印象就是个良好基础，花荣给人的第一印象直观、形象，显示出自己的强项。第一印象一般由这样一些要素综合而成：第一天上班、第一件工作、衣着、姿态、言谈及一些细节性的小东西。第一印象非常重要。你平时就要多加留心，保持一个较佳的状态，因为有很多沟通是突然之间产生的，要准备可来不及。

二是言荐。即通过口头陈述推荐自己。孟子曾经言荐：“如欲平治天下，当今之世，舍我其谁也!”“王如用予，则岂徒齐民安，天下之民举安”而又“自为”。赵国平原君的食客毛遂也曾经言荐说：“倘若使我今日得处囊中，一定脱颖而出。”孟子和毛遂都获得了成功，这与他们的言荐分不开。景阳冈酒店的“三碗不过冈”的酒幌是言荐，水泊梁山忠义堂上“替天行道”的杏黄旗是言荐，商品广告中的文字、语言表达也是言荐，你不说，人家怎么会知道呢?

“沉默是金”这句谚语并非总是对的。在讨论会上、在员工聚会上、在领导让大家提出建议时，保持沉默就不是“金”。人家都在专心进行讨论，如果你一言不发，大家就会完全忽视你的存在，认为你无关紧要、胸无点墨、不自信、不敬业、混日子。讨论会是言荐的最佳场所，许多平时默默无闻的人常常因为在会议上发表了独特的见解，一鸣惊人，而被人刮目相看，甚至脱颖而出。为了使自己的会议发言做到精彩且有建设性，在开会之前一定要做好充分的准备，让自己的发言精彩，观点鲜明，内容贴切中肯，言语简练，击中要害，并且有独到见解。

言荐的本质是推销自己，自我推销的主要心理障碍就是“不敢表现自己”，他们认为用言荐来表明自己的优点与特长、展现自己某方面的才能是一种不谦虚的表现。这种谦虚的应聘者常常败北，因为用人单位不知道你有什么长处，你会点什么，人家凭什么聘用一个平庸的人？在面试时，需要充分发展自我、推销自己，才能赢得面试官的好评。如果你一味地认为这样做是“炫耀”自己，是“王婆卖瓜，自卖自夸”，那就大错特错。你把自己裹得越紧，面试官就越难信任你。

面试的过程、形式都是固定的，提的问题大都千篇一律，面试官对耳熟能详的答案早已失去新鲜感，因此，求职者要设法走出不寻常的路数，给面试官一种意外的惊喜。突破固有的套路、常人的想法，尽快采取行动，你就能够成功。

三是书荐。即以书信、申请、建议和报告等形式推荐自己，古代的“上书言事”是典型的书荐形式。清朝康有为等人，以上书言事方式被光绪帝所器重，从而登上政治舞台。书荐不受时间、地点的限制，不用等到会议时才自荐。

书荐材料不可太马虎，纸张要上乘，封面要精美悦目，行文和结构一定要有个性。自我评价要真、善、美，避免浮夸之辞。自荐材料设计得与众不同是非常重要的，不然就不可能让人在几百份求职自荐材料中特别留意你的自荐书。自荐书如果设计得太一般，其作用会微乎其微。近年来，自荐材料向繁缛方向发展，“假、大、空”，“高、大、全”，常常是白费了工夫，因此自荐材料也需要创意、简洁。在一次大学生招聘会上，一位小伙子的自荐材料别具一格，只有一张精心制作的扑克牌。小伙子受美国进攻伊拉克时将萨达姆等人用扑克牌排列公示的启示，给自己制做了一张扑克牌，非常精练地写下自己的特长和愿望。一家创意公司立即拍板接受了他，因为看好了他的创意思维。

自荐者特别要注意的一点是，自荐的“荐”是荐才能、荐学识、荐人品，绝对不要自荐“关系”，例如“我是某某的同学”，“我是某某的亲戚”，“我和你们的某某很熟”，“关系”自荐，很可能会画虎不成反类犬，弄巧成拙。

孝，人的第一修身内容

——雷横怒打白秀英

梁山好汉多为孝者，宋江、宋清、公孙胜、阮氏三雄、李逵、雷横均为孝敬父母之人。

雷横一日心闲，便去看戏，唱戏的名叫白秀英。白秀英唱了一段后开始收钱，她托着盘子，先到雷横面前。雷横便去身边袋里摸时，不想并无一文。雷横道："今日忘了，不曾带钱，明日一发赏你。"白秀英不依，雷横道："我一时不曾带得，非是我舍不得。""我赏你三五两银子也不打紧，却恨今日忘记带来。"白秀英仍不依不饶。白秀英的父亲白玉乔在一旁数落雷横不晓事，说雷横若晓得事时，狗头上生角。白玉乔越骂越凶，雷横忍耐不住，从坐椅上跳下，揪住白玉乔打了一顿。

白秀英和知县是旧相识，见父亲被雷横打了，便到知县衙内诉告。知县大怒，差人把雷横捉拿，当厅责打，枷了押出去号令示众。白秀英还让把雷横押在戏场前。

雷横的老母正来送饭，看见儿子押在戏场前，哭起来道："风曾见原告人自监被告人的道理。我且解了这索子，看他怎么样！"白秀英走将过来便骂道："你那老婢子却才道甚么？"雷横的老母便与白秀英对骂起来。白秀英向前只一掌，把老婆婆打个踉跄。那婆婆却待挣扎，白秀英再赶人去，老大耳光只顾打。

这雷横是个大孝的人，见了母亲挨打，一时怒从心发，扯起枷来，朝着白秀英脑盖上打将下来，打个正着，劈开了脑袋，扑地倒了。雷横因此吃了官司，被解上济州。这白秀英虽恶，但命不该死，雷横打白秀英致死吃官司是必然的，但也由此显现了雷横的孝道。

中国人追求的理想人格，是忠孝两全的人格。人生在世，既应忠于国家和人民，又应孝敬父母。孝是儒家伦理道德的根本。孔子认为孝是仁的根本，这就是所谓的“孝悌者，其为仁之本欤”。仁者爱人，孝当然是爱人，它提倡的是以血缘关系为纽带的亲情之爱。试想一下，一个人连其父母、兄弟都不爱，怎么谈得上去爱他人、爱社会、爱民族、爱国家呢？这就是孝为仁之本。

孟子说：“天下之本在国，国之本在家，家之本在身。”孝是“修齐治平”之本，是人的第一修身内容。孝的意义在于：第一，孝是为人立身之本。孝是人间各种伦理关系的第一伦理。人有了孝道，人格才会完美，才能“谨而信，泛爱众，而亲仁”，才会有信、义、仁的品德。第二，孝是发展家庭亲情关系之本。第三，孝是发展个人和国家和谐关系之本。子女对父母有孝心，推而广之，他就有可能去爱他人，爱天下之父母，使社会和谐。第四，孝是“修齐治平”之本。一个人，假如对含辛茹苦抚养自己长大的父母尚且没有爱心，他又如何能去爱工作、爱社会、爱国家？

孝是一个人最基本的品德，如果没有这个品德，很难生出其他的品德。

凤凰卫视主持人采访诺贝尔化学奖获得者崔琦。崔琦谈到自己出生在河南农村，父母都是大字不识一个的农民，但母亲颇有远见，她咬紧牙关省吃俭用，在崔琦12岁那年将他送出村，出外读书。这一走，造成了崔琦与父母的永别。后来他到了美国，成了世界名人。

主持人问崔琦：“如果你12岁那年不外出读书，结果会怎么样？”

一般人会认为，崔琦必定会说“那样我永远出不了名，也许现在还在河南乡下种地。”但是，崔琦的回答却大大出乎人的意料：“如果我不出来，三年困难时期我的父母就不会死。”崔琦后悔得流下了眼泪。

在崔琦的眼里，父母的恩情、母子的深情重于无上的荣誉。崔琦不愧是中华民族至仁至爱的伟大的科学家。

古代人在用人时很看重其孝德。孟子提出了对人才的几种观察方法，其中第一种方法就是孝悌观察法：“入则孝，出则悌，守先王之道，以待后之学者……为仁义哉。”即在家孝顺父母，出外尊敬长辈，恪守先王礼法道义，用以培养后代学者，此为仁义之士。我国最早的杰出军事家和思想家姜太公，集人才鉴别理论之大成，提出了“六征”人才鉴别理论。他在观诚（第一征）中提出“父子之间，观其孝慈；兄弟之间，观其和友；君臣之间，观其忠惠；乡党之间，观其信诚。”姜太公把好的人分为10类，其中忠孝者为其中之一。

人当然要学会做事，但首先要学会做人。要学会做人，先要懂得做人的道理。中国传统的做人基本准则有四子，即孝子、孺子、汉子、才子。“四子”之首乃孝子，“孝”乃做人的基础。“孺”，即能忍受，默默耕耘，奉其力，献其身，凡大事小事，皆矢志真诚，贯彻始终。成功也好、失败也好，尽其力，竭其能，持之以恒。“汉子”，即维护人格尊严、国家与民族尊严，遇到对我中华民族的歧视和挑衅，拍案而起，惩恶扬善，伸张正义。“才子”，是指求学，无才何以救国？无才何以民族自强？

试问，对父母不孝，何以孝前辈？对前辈不孝何以孝人民？对人民不孝，何以孝国家？对国家不孝，何以为孝？“孝”当是我们做人的前提。谈及一个人的道德品质，就不能不谈及孝，孝是一个人最基本的品德，如果没有这个品德，很难生出其他的品德。

古人云：父母养育之恩，地无其厚，海无其深。我们从撒娇耍蛮的顽童娇儿长成懂事的大人，一路上，父母细心地照顾着如同稚嫩的枝苗一样的我们，父母是我们最大的依靠。只要我们想起父母那永恒的爱，就能多尽人子之孝，以免终生遗憾。

从古到今,中国人不断进行“孝”的教育,“孝”的品德一代一代传承下来。但是,这个“孝”如今被许多子女淡忘了,许多子女淡忘了父母居住的那个家,他们认为父母只要不愁吃穿就行了,很少在精神上给予慰藉。至于生活上不给温饱,生病时不给治疗,甚至虐待、遗弃父母的忤逆儿,也屡见极端。这些不孝儿从小也接受过“孝”的教育,但他们还是失去了人性。

报载，法国政府正打算用法令“逼孝”，起因是这样的，近年的一个夏天，正当很多法国人在外度假时，许多老人却在家中死于酷热的天气，这令整个法国都深受震动。更令法国政府和国民感到尴尬的是，调查显示，全国每到星期日自杀的独居老人平均有62人。为了改变老人的生活状况，促使家庭其他成员加强对老人的关怀和责任。法国政府计划“逼孝”，对《民法》进行增补。增补后，独居老人的子女如果“未能经常性地了解”父母的健康状况，就会被定为犯罪；如果独居老人突然患病而子女未及时采取措施，这些子女也将被定罪。

我国的四川省曾下发文件，要求各级组织、人事部门要把尊老敬老作为考核党员、干部的内容，对党员、干部中不履行赡养义务，甚至虐待、遗弃长辈的，除动员社会舆论对之严厉谴责外，还一律不予提拔重用，情节严重的，要给予党纪行政处分。

“逼孝”的最好手段是法律，用法“逼孝”。这是因为正面教育、社会舆论、批评曝光、组织措施对某些不孝之子根本就不起作用。像法国那样，增补法律，以法“逼孝”，将那些不孝之子绳之以法，是十分必要的。

“慈”与“孝”是构成人类绵延之链。父母慈爱子女是永恒的，善待父母、敬爱父母也应当是永恒的，有此无彼，此链就要断却。

信任无度，必吃大亏

——呼延灼诈降赚关胜

大刀关胜统领一万五千人马攻打梁山。关胜大战林冲、秦明。

且说关胜收兵后，心中暗忖道：“我力斗二将不过，眼看输与他，宋江倒收了军马，不知主何意?”当晚寨中纳闷，嗟叹不已。有小校前来报说：“有个胡须将军，匹马单鞭，要见元帅。”关胜道：“与我唤来。”没多时，那将来到帐中。关胜见了，有些面熟，便问是谁。那人道：“小将呼延灼，曾统帅连环马军，征进梁山泊，谁想中贼奸计，失陷了军机，不能还乡。听得关将军到了，不胜之喜。将军若是听从，明日夜间，从小路直入贼寨，生擒林冲等寇，解赴京师，共立功勋。”关胜听罢大喜，请呼延灼入帐，置酒相待。二人递相剖露衷情，并无疑心。关胜此举实在欠妥，与呼延灼只是“有些面熟”，谈不上交情，怎么能毫不怀疑呼延灼是诈降呢？甚至“递相剖露衷情”，全无半点防范意识。

次日，宋江举众搦战。关胜对呼延灼道：“今日可先赢首将，晚间可行此计。”呼延灼披甲上阵。宋江见了，大骂呼延灼道：“我不曾亏负你半分，为何趁夜私去!”呼延灼回道：“汝等草寇，成何大事!”宋江便令镇三山黄信出马，两马相交，斗不到十个回合，呼延灼手起一鞭，把黄信打落马下。宋江阵上众军，抢回黄信。关胜令大小三军一齐掩杀。呼延灼道："不可追掩，恐吴用广有神机。若还赶杀，恐贼有计。"关胜听了，火速收军。呼延灼这场戏演得不错，先是赢了黄信，令关胜不疑自己，又以知梁山内情者的身份，替关胜出主意，为关胜着想。所以，当呼延灼回寨后道："今日先休养此贼，挫灭威风。今晚偷营，必然成事。"关胜深信不疑。

当夜，呼延灼当先引路，关胜众人跟着。呼延灼把枪尖一指，远远一碗红灯。呼延灼道："那里便是宋江中军。"关胜急催动人马，杀奔前来。到红灯下看时，不见一人；便唤呼延灼时，亦不见了。关胜大惊，知道中计，慌忙回马。听得四边山上，一齐鼓响锣鸣。关胜众军慌不择路，各自逃生。关胜身后，只剩得数骑马军跟着。转出山嘴，听得树林里一声炮响，四下挠钩齐出，把关胜拖下马，夺了刀马，拿投大寨里来。

关胜上山，与呼延灼诈降，轻而易举地骗得了关胜的信任是分不开的，关胜若略有戒备，绝对不会上当。

怀疑一切的人，心理太阴暗；信任一切的人，心理太天真。信任也需一个限度。

信任无度指对什么人都信任，对什么话都信，这就是轻信，一点防人之心也没有。这世界上的人和事太复杂，有好人也有坏人，有君子也有小人，有正直之人也有奸诈之徒，有助人为乐之人也有骗子。以笑容可掬的面孔待人是现代文明的一个标志，但不是所有的笑都是美丽的，有的笑春风拂面，有的笑里却藏着刀。既然真诚与谎言并存，怎么能不加分辨而什么都信任呢？

这世界上有诱骗，诱骗容易让人上当；这世界上有虚情假意，虚情假意投其所好，使人在甜言蜜语中受骗；这世界上有假象，假象有时造得与真的一样，让人分辨不出真伪；这世界上有奉承，奉承使人晕乎乎的。既然世界上有这些假的东西，我们当然不能绝对信任一切。

任何事情都不能绝对化，对人的信任也应视其具体条件，这个条件就是对人的基本了解。未察之人，不足信任，关胜虽然察了呼延灼，但过于表面化，察了与没察一个样。

春秋末期，剑客要离曾被伍子胥推荐给吴王，被派刺杀在卫国避难的公子庆忌，要离为了取得庆忌的信任，行前他请吴王断其右手，杀其妻子，然后假装负罪出走。他到卫国后，在庆忌面前大骂吴王，并假意向庆忌献破吴之策，两人很快就成了好友。后来，他俩同乘一条船渡江时，要离突然拔剑将庆忌刺死。像这类靠自我伤害取信于敌，再图大计的事例，历史上屡见不鲜。《三国演义》中，吕旷、吕翔诈降高于，蔡中、蔡和诈降周瑜，黄盖诈降曹操，都有让人相信的理由。一些诈降取信之例之所以成功，大都是受骗者不加考察，轻易相信人的结果。

如果对一个人根本不了解，或者知之甚少，信任也就失去了基础和前提。有三种情况不足信。

一是只听其言，却未见其行，不足信。清末戊戌变法期间，袁世凯假装拥护维新运动。对康有为、梁启超等维新人士信誓旦旦、慷慨陈词，而背后却向荣禄告密，出卖维新派，取宠于慈禧太后，使轰轰烈烈的维新运动归于失败，使大多数维新人士上了断头台。当时社会上流传一首三言歌谣，其词是："六君子，头颅送，袁项城，顶子红，卖同党，邀其功。康与梁，在梦中，不知他，是枭雄。"

二是必诺之言不足信。所谓必诺之言是指不了解情况，毫无根据地轻易承担其事，而且信誓旦旦必保完成的承诺。有一些信口开河许空愿的人，说话毫不负责任。常见一些拍着胸脯打包票的慷慨激昂者，无论你求他办什么事，他都豪情应允，大包大揽，遇到这些豪言者，听听就可以了，不必当真。这种人不是头脑简单，就是过于自信，而且最终多是失败，很少成功。他既能轻率地许愿，也能轻率地找个理由推掉。对这种人，绝不可予以信任。不仅对其能力不可信任，而且对其人品也不可信任。

三是不知其才德者不足信。不知其才学，则无法授职，更无法知其能否胜任，信任也就失去可能；不知其品德，则不知其心术，更不知其责任心如何，信任也就失去基础。

信任的“度”还表现在忌“交浅言深”。俗话说“逢人只说三分话”，还有七分不必对人说出，这句俗话并非世故，也并非不诚实，因为说话须看对方是什么人，孔子曰：“不得其人而言，谓之失言。”对方倘不是深相知的人，你也畅所欲言，以快一时，极易招祸。只说三分话，是不必说，不该说的关系，绝不是不诚实，绝不是狡猾。说话本来有三种限制，一是人、二是时、三是地。非其人不必说；非其时，虽得其人，也不必说；得其人，得其时，而非其地仍是不必说。“交浅言深，君子所戒。”

有一种人忠厚善良，这些人常以己之心度人，以为别人和自己一样与人为善，全无损人害人之心，故轻易信任他人之言。

有一种人头脑简单，对他人所说之事是真是假、是对是错，毫无判断能力，故轻易信任他人之言。

有一种人好利、好大喜功，往往被别有用心的奉承所迷，被假象所欺，被利益所诱，故经易信任他人之言。

为了我们自身的安全，在与人交往时恐怕要在心理上设下一道防线，这道防线便是不要轻信。有了这道防线，我们可以少受欺骗和侵害，同时并不妨碍与挚友、诤友加深友情，在真正了解对方后就可以撤除防线，洞开心灵之门。

没有任何一个困难是铁板一块

——钩镰枪破连环马

双鞭呼延灼，率韩滔、彭玘二将，起精锐马军三千、步军五千，收剿梁山泊。

第一阵，梁山摆出车轮阵，以秦明、林冲、花荣、扈三娘、孙立轮换出战，擒了彭玘。宋江本应全胜，只因呼延灼阵里都是连环马，官军马带马甲，人披铁铠，马带甲只露得四蹄悬地，人挂甲只露着一对眼睛。宋江阵上虽有甲马，只是红缨面具，铜铃雉尾而已。这里射将箭去，那里甲都护住了。那三千马军各有弓箭，对面射来，因此不敢近前。宋江急叫鸣金收军。

次日，呼延灼摆开连环马阵，教三千匹马军做一排摆着，每三十匹一连，却把铁环连锁；但遇敌军，远用箭射，近则使枪直冲入去；三千连环马军分作一百队锁定。五千步军在后策应。宋江这边，重重叠叠，摆着人马。看对阵时，约有一千步军，只是擂鼓发喊，并无一人出马交锋。宋江正在疑惑，猛听对阵里连珠炮响，一千步军忽然分作两下，放出三队连环马军，直冲将来；两边用弓箭乱箭，中间尽是长枪。宋江急令众军用弓箭施放，那里抵敌得住。那连环马军漫山遍野，横冲直撞将来。梁山大队人马拦挡不住，各自逃生。此阵下来，梁山人马，折其大半。

后来，宋江梁山义军的金枪手徐宁用钩镰枪破了连环马。先把钩镰枪军士埋伏，每 10 个会使钩镰枪的间着 10 个挠钩手。但见马到，一搅钩翻，便把挠钩搭将人去捉了。有诗为证：

钩镰枪法古今稀，解破连环铁马蹄。

不是徐宁施妙手，梁山怎得解重围？

连环马这么厉害，这么锐不可当，也有可攻克之隙，也有弱项。世界上没有任何一件事物是完美无缺，没有任何一个困难是铁板一块、无隙可钻的，总能找出攻克的办法。有“飞毛腿”导弹，必有“爱国者”反导导弹系统相克；有老鼠作害，必有猫来擒鼠。所以，我们无论遇到多么大的困难，都不必灰心。世上无难事，只怕有心人，只要有心就能找出克难之策。

希腊神话中有一位英雄阿喀琉斯，出生时被母亲海洋女神握住脚踝倒浸在冥河水中，因此除了没有浸水的脚踝以外，任何兵器都不能伤害他的身体。荷马史诗《伊利亚特》描写阿喀琉斯在特洛伊战争中英勇无比，击毙特洛伊的主将赫克托耳，使希腊联军转败为胜。阿喀琉斯如此强大，却仍有致命的弱点，即为他的脚踝，敌人专用箭射他的脚踝，阿喀琉斯终于中箭而亡。因此有成语“阿喀琉斯脚踝”一说，意为致命弱点或薄弱环节。无论你遇到巨人般的竞争对手，还是泰山大的困难，一定能找到其“阿喀琉斯脚踝”，找出其弱项，就有办法战胜巨人。

世界上没有绝无空隙之物，分子物理学告诉我们，分子之间都有空隙，世界万物都是由分子组成的，因而都有空隙。唐僧师徒四人在假西天遇妖王，妖王用一副金铙把孙悟空连头合脚扣在其中，金铙是一宝物，组织结构严密，二十八宿之一的亢金龙的角仍然钻了进去。孙悟空在屡屡战妖时，无论妖魔的洞口大门多么严实，他还是能变一个小虫从门缝里钻进洞内。《孙子兵法·虚实篇》说：“兵之形，避实而击虚。”意思是，用兵的规律是避开敌人的坚实之处，而攻其空虚薄弱的地方。虚、实是一对矛盾，既然是矛盾，其双方必然是一个共同体，同时存在，有“实”则必有“虚”，这“实”中之“虚”就是我们常说的“空子”、“空当”。

在市场经济中，任何一个竞争对手，不管实力怎么雄厚，方法多么高明，也会有考虑不到之处，智者千虑，必有一失；任何一种产品，不论是名牌产品，还是金牌、银牌，都不是完美无缺的，都有其不足之处。企业在商战中应善于盯住别的厂家、商家在产品、服务中的不足，去开拓自己的具有“长处”的新产品，或使服务形式更完善。

在20世纪60年代初期，每当通用汽车公司的新型车上市，福特汽车公司便立即采购，并在10天之内把新车解体，对其零件逐个清洗，称重，按功能排列在固定的展览板上，然后与自己的产品对照，分别进行工艺成本分析，不但找出人家的“长处”，也找出自己的“短处”，从而找出应变的对策。

许多创业者害怕与大公司竞争，他们害怕对手强大，畏手畏脚，以致使许多好的主意半途夭折。其实，与大公司竞争只要做一件事就够了，即找出巨人般的对手的“阿喀琉斯脚踝”。“阿喀琉斯脚踝”定理简单有效，对手越大，就越容易找出关于他的一切——策略、产品、服务水平、保险、顾客担保，把它们表列出来，然后确定哪一点你可以战胜他。走访他的顾客，找出顾客需要什么而大公司没能做到。一旦完全掌握对手的弱点，那么设计一套取而代之的方案就变得易如反掌。

IBM是国际商业机器公司的英文缩写。这家公司信奉蓝色，因而有“蓝巨人”的别称。20世纪中叶，称IBM为蓝巨人并不过分，当时它是世界上最大的电脑生产厂商，资金雄厚、技术先进，营业范围遍及世界128个国家。可是，“蓝巨人”逐渐耳目不灵了，思维也不敏锐了，世界上对个人电脑需求增大的信息没有刺激“蓝巨人”的神经，20世纪80年代以前，“蓝巨人”竟无一台个人电脑上市，在 IBM 广阔的经营领域中出现了一个“阿喀琉斯脚踝”，1976 年，两个美国青年瞄准了 IBM 的“阿喀琉斯脚踝”，研制了个人计算机——“苹果 1 号”，迎合了市场需求，从此一发而不可收。1981 年，苹果公司的个人计算机占美国市场个人电脑总销量的 41.2%。“苹果”的成功在于避实击虚。由此可见，只要找出巨人对手的“阿喀琉斯脚踝”，在某些市场领域，“蚂蚁”也可以击败“大象”。

创造一个差异，也许就是一项发明

——张清飞石显威风

水泊梁山中有两位神射手：一位是小李广花荣，射的是有羽之箭，百发百中；另一位是没羽箭张清，投的是无羽之箭——石块，弹无虚发。

宋江打下了东平府以后，帮助卢俊义攻打东昌府。东昌府守将张清，绰号没羽箭，善以飞石打人。

一日，张清搦战，宋江阵上金枪手徐宁跃马出阵，两马相交，双枪并举，斗不到几合，张清便走，徐宁去赶。张清用左手虚提长枪，右手向锦袋中摸出石子，扭身飞石打中徐宁眉心，徐宁翻身落马，被梁山头领救回本阵。宋江阵上又一将飞出，乃锦毛虎燕顺。燕顺与张清斗不几个回合，遮拦不住，拨马便回，张清从后赶来，手取石子，朝燕顺后心一掷，打在镗甲护镜上，铮然有声，燕顺伏鞍而走。宋江阵上百胜将军韩滔抖擞精神，大战张清，不到几合，张清便走。韩滔恐张清飞石打来，不敢追赶。张清回头不见韩滔赶来，翻身勒马又转回来，韩滔挺搠来迎，被张清手起石落，打中鼻凹，顿时鲜血迸流。彭玘不等宋江发令，手舞三尖两刃刀出阵，尚未交锋，便被张清石子打中面颊，丢刀回阵。

张清飞石显威，梁山众位英雄也较上劲了。宣赞、呼延灼、刘唐、杨志、朱仝、雷横、关胜、董平、索超，如走马灯似的，一个一个地出战，又一个一个地被张清飞石击中。片刻十几员大将皆败回阵。后来，军师吴用用计将张清连人带马赶下水中，梁山几位水军头领才拿住张清。从此，山寨里又多了一名飞石将军。

张清的飞石不是什么高深的创造发明，只不过是把弓箭变了变，但是变来变去，仍不离其宗，依然是可射之物。把有羽箭变成没羽箭，是在同中求异。同，即事物的本质，事物的本来面目，弓箭与飞石都是远距离的投掷物，这是二者的“同”。异，即同一本质事物的个性，弓箭，从弓射出，长杆型，箭头锋利，箭尾带羽；飞石，从锦袋取出，握在手中，出其不意，这是二者之“异”。

再看看枪。徐宁的钩镰枪、林冲的长枪、董平的双枪都是枪，有杆有尖，这是“同”；《水浒传》中并无详细描绘钩镰枪是个什么样子，但是顾名思义，完全可以想象出来，它必定是长枪的一种改造，枪头上有钩有镰，这是“异”。钩镰枪手埋伏在芦苇棘丛中，专钩马腿。梁山好汉只用普通条枪不行，用了钩镰枪才破了呼延灼的连环甲马。如果把普通长枪比作老产品的话，那么钩镰枪可以比作新产品，只不过它不是全新产品，而是一种改进产品。改进产品是对老产品的性能、结构、功能加以改进，使其与老产品有差别。

相当多的创造活动并不是一定要推翻旧者，而是要革新旧者，哪怕是小改小革、加点减点、组合分割，也能收到意想不到的效果。变异的方法就是同中求异，寻找差异，找出一个差异，也许就是一项发明。变异的方法是一种相当普遍的方法，无论年长年幼、学问深浅，人人都会用。

例如，改一点点，似乎不难。因为这种“改”是在继承的基础上，它容纳原来事物的全部合理因素，改动一个或几个因素，使合理的更合理，使不合理的变为合理，因此不用动大工程，却能做到事半功倍。改一点点，关键是要有那种灵机一动的天工般的巧心。

提起玻璃，它已经有五千多年的历史。玻璃有一个缺点，太脆，稍受震动和敲击便粉身碎骨。20 世纪以来，各种各样的玻璃新秀相继问世，它们具有许多截然不同的秉性，原因就在于它们都只变了一点点。在生产过程中，由于掺加了不同的物质，其本领也就大不相同。

有色玻璃有着华丽多彩的外貌，可以做出许多漂亮的工艺品。在玻璃中加些稀土元素，就可以制成金黄色的玻璃，加些黄金粉末就变成金红玻璃，加入氧化钴则变成蓝玻璃，加入二氧化锰则变成紫色玻璃。

变色玻璃又叫光色玻璃，里边掺入了少量的卤化银。这种玻璃的颜色随阳光的强弱而变，可以自动调节室内光线，用它做太阳镜最合适，阳光一照，镜片感光变成蓝灰色，离开阳光，镜片又透明如初。

吸热玻璃是冬暖夏凉的玻璃，它掺有氧化亚铁。夏天烈日炎炎，吸热玻璃可以挡住红外线，使室内明亮凉爽；冬天，室内的红外线又出不去，减少了室内散热。

防噪玻璃是在微薄的玻璃夹层中充满一种特殊的透明物质。安上这种玻璃窗，即使你的斗室居于闹市之中，在室内也可以不受室外噪音的干扰，可以安静地学习和休息。

玻璃脆的缺点让人大伤脑筋，但是夹丝玻璃和钢化玻璃却很坚硬。夹丝玻璃中心有金属相连，细丝犹如铁骨钢筋；钢化玻璃是用风冷或化学离子交换法制取的，它们敲不碎、摔不坏、震不破，安装在温室顶上，根本不怕冰雹敲击。

雨天开车，雨水总是把车身弄得湿湿的，使司机看不清外面。于是人们在车窗前安装了雨刷，但雨刷晃来晃去，会影响人的注意力。在这种情况下，人们发明了能够导电的玻璃，这种玻璃是在普通玻璃前面涂上一层导电膜。当电流流过玻璃时，玻璃会发生热量，从而促使粘在玻璃上的雨水尽快蒸发。

含锰玻璃对发展夜视技术大有用途，因为它专门让红外线通过；含铝玻璃最适合充当防护面罩，在X光透视中，它能挡住X光，保护工作人员的身体健康；防盗玻璃的夹层网与自动报警器相连；肥料玻璃含有蔬菜生长所不可缺少的微量元素，供蔬菜慢慢享用；微珠玻璃是用众多微小玻璃珠加温压成的玻璃布，反射性强，可做银幕；微晶玻璃坚硬耐高温，用它做刀具简直削铁如泥。

生物玻璃具有和生物类似的特性。生物玻璃是利用微孔技术，用合成树脂制成的，它能以多种方式与酶联成固定化酶，用生物玻璃制造的关节、牙齿，像真的一样。

仅仅玻璃这么一项产品，由于加了那么一点点，或改了那么一点点，它们都具有特殊的功能，变成了各式各样的新产品。想一想改一点点怎么样？这就是变异思维。

利用变异的方法搞发明有两个途径。

一是针对产品和服务的缺点去改。国外有一种改进方法，叫做缺点列举法，即尽可能多地列举某个产品或服务方面的缺点，然后在这基础上，找到主要的缺点加以改进。

二是细分需求。消费者由于存在年龄、职业、性别、性格、兴趣、文化、修养、经济条件的差异，对同一种商品的需求千差万别，同是羊毛衫，青年学生追求时髦新潮、富有个性的样式，女职员追求色彩鲜明、有朝气的样式，中老年人则注重端庄、稳重。找到了需求差异，也就可在此基础上，发明一个个新品种、新款式。

差异是普遍存在的，世界上没有两片一模一样的树叶，所以，变异的方法也具有创新的普遍意义。

这正是：加加减减出创新，改一点点也生财。

法国哲学家狄德罗说：“知道事物是什么样，说明你是聪明人；知道事物实际是什么样，说明你是有经验的人；知道事物如何变得更好，说明你是有才能的人。”

谁是有才能的人？你、我、他！我们大家！只要我们进行主动的思维训练，注意观察、比较、质疑、思索、改进，我们每个人都能发现事物的奥秘，并且会让事物变得更好！

改变不了客观就改变主观

——燕小乙连夜潜去

宋江破了方腊，同诸将离了杭州，望京师进发。

浪子燕青私自劝卢俊义道："小乙自幼随侍主人，蒙恩感德。今既大事已毕，欲同主人纳还原受官诰，私去隐迹埋名，寻个僻净去处，以终天年。未知主人意下若何？"卢俊义道："自从梁山泊归顺宋朝以来，北破辽兵，南征方腊，勤劳不易，边塞苦楚，弟兄殒折，幸存我一家二人性命。正要衣锦还乡，图个封妻荫子，你如何却寻这等没结果？"燕青笑道："主人差矣。小乙此去，正有结果。只恐主人此去，定无结果。"这燕青已将招安前途看透，识时务、知进退，真豪杰也。

卢俊义仍不明白，问道："燕青，我不曾存半点异心，朝廷如何负我？"燕青解释道："主人岂不闻韩信立下十大功劳，只落得未央宫前斩首。彭越醢为肉酱，英布弓弦药酒。主公，你可寻思，祸到临头难走。"卢俊义仍执迷不悟，道："我闻韩信，三齐擅自称王，教陈豨造反；彭越杀身亡家，大梁不朝高祖；英布九江受任，要谋汉帝江山。以此汉高帝诈游云梦，令吕后斩之。我虽不曾受这般重爵，亦不曾有此等罪过。"卢俊义此番想法实在天真，他难道识不破朝廷借辽军、方腊之手，削梁山的力量，断梁山兄弟的手足。蔡京等四奸臣当权，正好趁梁山好汉势弱时将其诛之。

燕青见劝说无效，无奈道："既然主公不听小乙之言，只怕悔之晚矣。"当夜收拾了一担金珠宝贝挑着，径不知投何处去了。

次日早晨，军人收到字纸一张，报与宋江，上面写道：

"辱弟燕青百拜恳告先锋主将麾下：自蒙收录，多感厚恩。效死干功，补报难尽。今自思命薄身微，不堪国家任用，情愿退居山野，为一闲人。本待拜辞，恐主将义气深重，不肯轻放，连夜潜去。今留口号四句拜辞，望乞主帅恕罪。

情愿自将官诰纳，不求宝贵不求荣。

身边自有君王赦，淡饭黄齑过此生。

后来，事态正如燕青所料，宋江、卢俊义均被四奸臣害死。

宋徽宗本是一昏君，整日只知琴棋书画。在位时广收古玩字画，网罗画家，扩充画院。他穷奢极欲，大兴宫殿，搜刮江南奇石怪花。徽宗不理政事，任用蔡京、童贯、高俅、杨戬四大奸臣，贪污横暴、滥增捐税。梁山好汉大多被奸臣所害才上了梁山，又曾把童贯、高俅军马杀得落马流水，与奸臣仇上加仇，奸臣岂可让宋江等在朝廷安身。这种客观是改变不了的，要么被奸臣所害，要么，改变主观，远离官场，过清静日子。

在封建社会中，"狡兔死，走狗烹"是一种客观现象。君王平定天下以后，惧功臣"功高盖主"，妒心似烈火，非将功臣诛去不可。越王勾践平吴称霸后，立刻变脸，赐剑令大功臣文种自裁。范蠡改变不了勾践，却可以改变自己，他功成以后，隐居太湖，弃官从商，成为富贾。《三国演义》中的陈宫是个人才，有智有勇，又有人品，不巧他跟随了吕布。吕布有勇无谋，不读兵书，不懂方略，自己无谋不说，还不肯纳谏，陈宫一而再、再而三地献计出击，吕布就是不听，非要坚守，终被曹操破城。陈宫明知改变不了吕布，明知"吾等死无葬身之地矣"，还不肯改变自己，不肯离开吕布，最后与吕布同时死在白门楼。

浪子燕青的本事再大，也改变不了梁山义军悲剧的客观环境，但是他识时务，迅速离开，终得保全身家性命。在生物的进化过程中，我们发现总是那些适应周围环境的物种才能繁衍生息。这是一个适者生存的世界。随着周围环境的改变，我们必须对自己的思维、观念、习性、行为不断地进行调整、变革，才能得以生存。

千百年来，人们总是众口一词地以讥笑、嘲弄、唾弃的口吻来评说“迂腐”的宋襄公。宋襄公在与楚军在泓水大战时，还说：“宋国是仁义之师，讲仁义的人不能乘人之危，不能靠计谋巧诈取胜，让楚军渡过河来吧。”“讲仁义的人不去攻击不成阵势的队伍，等他们摆好阵势吧。”等到楚国整好队伍，千军万马杀过来了，宋襄公才下令出击，结果宋军大败。

宋襄公的悲剧，表面原因是由于他迂腐，根本原因在于他不识时务。春秋是一个社会大转型时期，宋襄公的言行依然恪守先朝礼仪，但是，他所代表的礼仪仁义至上的价值观，已经被天下人毫不吝啬地抛弃了，而同时代的其他人所信奉的是利益至上的价值观。以一种被时代所抛弃的价值观来挑战社会整体所遵从的价值观，无异于螳臂当车，更好像堂吉珂德挺起长矛大战风车一般，最终只会落得遍体鳞伤的地步。宋襄公根本改变不了客观，又不去改变主观，逆时代潮流而动，缺乏创新进取精神，所以他的失败是必然的。

历史不会倒流，要顺应历史规律，乘时代之势前进。时代变了，观念和思维也需要改变，要与时俱进，毫不犹豫地与不合时代节拍的陈旧观念告别，改变自己。

生活中不断重演着一个个悲剧：勤劳刻苦、奋斗不息的人往往不能够成功。许多人并不向命运妥协，也不自暴自弃，而是向命运挑战。但同命运抗争，有两种情况，一种是知其可为而为之，另一种是知其不可为而为之。识时务者知其可为而为之，知其不可为暂且不为，是聪明的；不识时务者知其不可为而为之，是愚蠢的。

客观世界有许多不尽人意之处，现实社会上也有许多不公正之处，你难道因此就不去奋斗了吗？当前的教育理念、教学方法、教学内容确有不少问题，你难道因此就不上学了吗？不要去抱怨客观的不公，许多客观依靠你个人的力量是无法改变的，你能改变的是你自己，要理智地分析和接受客观现实，该退则退、该转则转、该等待则等待。

先知穆罕默德叫山过来，山却没有过来。穆罕默德说："既然你不过来，那么我过去。"

一些人人生与事业的失败，正是因为过去的成功，使他们太留恋以往的环境、经验，太固守以往的观念，所以一旦面对客观环境的变化，常常因不能改变主观而不能做出及时有效的回应。随着时间的推移和环境的变化，"天时"不再，而成功的经验往往会给人带来一种行为惯性，影响自己以全新的眼光面向未来。

人的一生需要不断地选择，有时，随着环境的变化，原来正确的选择也许不那么正确了，所以选择也须"与时俱变"，识时务者才是俊杰。

你必须有一样拿得出手

——时迁骨软身躯健

梁山泊英雄排座次，最后两名是时迁、段景柱，时迁为地贼星，段星柱为地狗星。这时迁、段景柱都是偷盗高手，尤其是时迁，为山寨立功不小，却被安置至第107名，委实不太公正。作者施耐庵大概认为时迁雕虫小技，不光明磊落，难上大雅之堂。可是，这山寨离开时迁还真不行。

时迁绰号鼓上蚤，足见他身手敏捷，有诗为证：

骨软身躯健，眉浓眼目鲜。

形容如怪族，行步似飞仙。

夜静穿墙过，更深绕屋悬。

偷营高手客，鼓上蚤时迁。

时迁上山后屡建奇功，第一功便是盗出徐宁的宝甲赛唐猊。从而引出汤隆赚徐宁上山，徐宁用钩镰枪大破了呼延灼连环马的精彩故事。时迁盗甲，有诗为证：

狗盗鸡鸣出在齐，时迁妙术更多奇。

雁翎金甲逡巡得，钩引徐宁大解危。

时迁的又一功是火烧翠云楼。宋江攻打北京城，吴用道："元宵节近，北京年例大张灯火。我欲乘此机会，先令城中埋伏，外面驱兵大进，里应外合。为头最要紧的是城中放火为号。众弟兄中谁敢与我先去城中放火？”只见阶下走过一人道：“小弟愿往！”众人看时，却是鼓上蚤时迁，吴用吩咐时迁潜入北京城，于正月十五日夜一更时候，在翠云楼上放火。时迁不辱使命，飞檐走壁，夜间翻墙入城。按时在翠云楼上放火。梁山城内外众好汉见火号一齐出动。

若论文才武略，统兵攻城，时迁的本事不济，但论飞檐走壁，梁山寨中则无人可比，因此时迁则占据了一席座次。梁山泊好汉中不少是多面手，至少有一样拿得出手，例如玉臂匠金大坚有一手造刻兵符印信的硬工夫，圣手书生萧让写得一手好字，神医安道全医术高明，紫髯伯皇甫端专攻医治马匹，轰天雷凌振擅长造炮，神算子蒋敬是位财会人才，他们的武艺虽然平平，但有一样拿得出手，所以都是山寨所需要的人才。

很多东西你可以不会，但是，你不能什么都不会！你必须会一样，并竭尽全力把它做到极好。

一位中年妇女，她来自中国北方农村，只读过小学，汉语都表达不流利，因为女儿在美国，她到美国移民局申请绿卡。就是这样一位英文只会说“你好”、“再见”的中国农村妇女，申请绿卡的难度可想而知。

美国是一个十分注重效率和功利的国家。你要对美国的社会经济发展有益，美国才会接纳你。在美国拿绿卡，只有两种人可以：一种是到美国投资或消费；还有一种人，就是有技术专长。

她申报的理由是有“技术专长”。移民官问她：“你会什么？”她回答说：“我会剪纸画。”说着，她从包里拿出一把剪刀，轻巧地在一张彩色亮纸上飞舞，不到三分钟，就剪出一套栩栩如生的各种动物图案。

移民官瞪大眼睛，像看变戏法似的看着这些美丽的剪纸画，连声赞叹。这时，她从包里拿出一张报纸，说：“这是中国《农民日报》刊登的我的剪纸画。”

美国移民局官员一边看，一边连连点头，说："OK。"她就这么通过了审核。

人生需要准确的定位，才能在定位上发挥自己的光和热，扮演好人生角色。你若想在舞台上扮演一个角色，或生、或末、或旦、或净、或丑，总得有一样拿手。你不必"十八般兵器，样样精通"，你只要一样精通就可以。人生舞台的道理也是如此，一事无成、一技不精的人站在哪里，也定不住位，一阵风就把他吹走了。

一个著名的公司对两万五千多位成功的专业人士——推销员、经理、教师、医生、飞行员、运动员——进行研究后得出结论，只有当人们从事运用其专长的活动时，才有可能取得高水平的成就。专家的经验喻示，应当把时间和精力集中于你的特殊才能上。因为人有所长，必有所短。试图修正你所有的弱点，将是对精力和时间的巨大浪费。那位中年农妇的弱点很多，文化不高、不会英语，如果让她将时间花在纠正弱点上，她申请绿卡成功不知要等到何年何月。

成功心理学创始人之一唐纳德·克利夫顿在与人合著的《飞向成功》一书中，讲了一个很有趣的故事。故事大意是：小兔子被送进了动物学校，他最喜欢跑步课，并且总是得第一；最不喜欢的则是游泳课，一上游泳课就痛苦。但是兔爸爸和兔妈妈要求小兔子什么都要学，不允许偏科。小兔子只好每天垂头丧气地到学校上学，老师问他是不是为游泳太差而烦恼，小兔子点点头，盼望得到老师的帮助。老师说，其实这个问题很好解决，你的跑步是强项但游泳是弱项，这样好了，你以后不用上跑步课了，可以专心练习游泳。

真可笑的那兔爸爸和兔妈妈，小兔子根本不是游泳的料，即使再努力，也不可能在游泳项目上有所成就。人和人是不一样的，一个人有一个活法，每个人都有自己的路，这个道理说起来谁都明白，但一到现实中就糊涂了。很多时候，不少人为了和别人一样，情愿放下自己的优势，离开自己的路，挤在别人的路上，为了走别人的路，于是用加倍的努力和勤奋去弥补自己的缺陷。结果，自己的优势没有时间和机会去进一步发展，而自己的缺陷又没有得到大的改善，优势反而不明显了。小兔子的优势是跑步，如果训练得法，可能成为一个优秀的长跑运动员。而让他天天练习游泳，去走鱼儿们的路，最终跑步的优势也会由于长久的荒废而失去。

当今社会，不少人都热衷于使自己全面发展。如果这是指素质而言，无疑是正确的。但是如果是指专业而言，欲求面面俱到者，多数只会庸庸碌碌、业绩平平。

商家经营，只卖一样东西也赚钱。

有家螺丝钉店，除了卖螺线钉，其他什么也不卖。小小螺丝钉实在是不起眼，而且一个螺丝钉只有不到一厘钱的利润，可这家螺丝钉店的老板乐此不疲，专心经营，积聚了可观的财富。二十几年间，这家螺丝钉店周围的店铺里卖的东西追求大而全，甚至混业经营，只有这位老板对螺丝钉情有独钟，无论市场怎么波动，无论别人的店铺搞什么新花样，他都不为所动，他只卖螺丝钉，给客户的消费心理上烙下一个思维定式：要买螺丝钉，到这家店准行。

人是以自己的强项立足立业的。强项发挥到极致，事业也近于辉煌。削枝才能强干，去腐才可生肌。兵法上有“擒贼擒王”之计。擒王就是抓主要矛盾。

“一招鲜，吃遍天”，这句话在职场上并不过时。

许许多多的成功者，其实没有多少秘密，无非就是他们比常人更能“心系一处”而已，“蚓无爪牙之利，筋骨之强，上食埃土，下饮黄泉，用心一也。”

当今世界上的一些优秀企业，之所以处于领先地位，就是因为他们在某一方面拿得出手。例如，通用电气公司的家用电器业务一直追求全部成本最优，它属于经营卓越型企业，一门心思地降低经营成本。强力公司追求产品最优，它属于产品领先型企业，其主张是："我们提供最好的产品！"Cable & Wire less 公司是一家通信公司，它自知无法在价格上与 AT & T、MCI、Sprint 等大公司匹敌，于是追求顾客忠诚度最优，主张"我们是顾客的伙伴！"它属于顾客亲密型企业。

拿出一样出手的，就是拿出自己的优势，优势是一种无价的资源，使用和发挥优势则是人生的学问和智慧。对于愚蠢的人来说，即使拥有优势也等于守着金山没有饭吃。

“真朋友”为义而来，“假朋友”为利而来

——孙立孙新大劫牢

登云山上多有豺狼虎豹出来伤人，因此登州知府对猎户立了捕虎文状，限时捕虎。猎户解珍、解宝兄弟二人在山上等了三天，好不容易射中一虎，虎中药箭，骨碌碌地滚下山，滚到毛太公庄后园里。这毛太公不但不还虎，反而勾结官府，把解珍、解宝关进大牢。毛太公又用银两开道，买通官府，准备斩草除根，害死解氏兄弟。

毛太公欲害解氏兄弟的消息被铁叫子乐和打听到了。乐和与解珍、解宝沾点亲，乐和的姐姐是提辖孙立的夫人，解珍、解宝的姑母有一女儿，叫顾大嫂，嫁与孙立之弟孙新为妻。孙立、孙新的姑母又是解珍、解宝的母亲。乐和向顾大嫂报信，顾大嫂非常着急，非要和孙新当夜去劫牢。孙新虽然也很着急，但知道不能贸然行动。孙新笑道：“你好粗鲁。我和你也要从长计议，就是劫了牢，也要有个去向。倘若没有我哥哥孙立和这两个人时，劫不成牢。”顾大嫂问道：“你说的这两个人是谁？”

孙新道：“我有两位朋友，一位叫做出林龙邹渊，一位叫独角龙邹润，二人是叔侄俩，现在登云山聚众打劫。若得他两个相助，此事便成。”于是，孙新连夜上山请了邹渊、邹润，二人都肯拔刀相助。大家讨论劫牢之后怎么去向，此处已不能安身，到何处落脚呢？邹渊说：“我有三个朋友，一个是锦豹子杨林，一个是火眼狻猊邓飞，一个是石将军石勇，他们在梁

山泊入伙了多时。我们救了你两个兄弟，都一齐去梁山泊入伙。”这真是，有事找朋友，朋友又有朋友，一个朋友就是一条路。后来，顾大嫂又说服了提辖孙立。孙立、孙新一行四十多人劫了牢，救出解珍、解宝，又去毛太公庄上报了仇星夜奔上梁山泊去。

多一个朋友就多一条路，此乃至理明言。林冲若不是朋友李小二探得机密，必然不会时刻对陆谦保持着高度警惕。林冲被发配，若不是朋友鲁智深暗地护送，性命早就断送在两个差人董超、薛霸手中。柴进若不是广交朋友，早就被高唐州知府高廉害死。晁盖智劫了生辰纲，若不是朋友宋江冒死报信，也是大难临头。宋江身陷江州，若不是众位朋友舍身搭救，也早就命丧九泉。一个人的人生之路离不开朋友，离不开友谊。

人在走投无路的时候，朋友就是路。

林冲杀了陆谦等奸贼，走投无路，是朋友柴进推荐他上了梁山。杨雄、石秀杀了潘巧云、裴如海后走投无路，是因为朋友戴宗、杨林在梁山泊，这才投奔梁山。武松大闹飞云浦，血溅鸳鸯楼，杀了那么多人，官府搜捕得紧急，正愁无处安身，是朋友张青、孙二娘推荐他到二龙山鲁智深、杨志那里，坐了第三把交椅。

《诗经》有言：“虽有兄弟，不如友生。”

拿破仑有言：“忠实的朋友是神的化身。”

古希腊一位无名诗人将人的健康、天性温和、来路正当的财产和一批朋友并列作为“幸福四要素”。

当前，“多一个朋友多一条路”这句话似乎不太灵验了，这是因为“朋友”被滥化了。

君不见，“朋友”这个好听的词儿，在当代显得非常活跃。见了一面，连姓名也说不上的，也互称“朋友”；一餐酒席竟然交了一个排的“朋友”；本是你死我活的赌局，也被称作是“朋友”聚会；熟人、同事、网上聊天的对象、老乡，统统称为“朋友”，“朋友”一词显然被廉价处理了。我们许多人自认为平时人缘还不错，大家也愿意与之相处，他认识的人也不少，手机里有几百个电话。但是不少人总想不明白，为什么自己认识的人越来越多，怎么还是找不到一个可以说心里话的人呢？熟人多不一定朋友多，熟人与朋友不是一个概念。

《水浒传》中，邹渊、邹润是解氏兄弟的真朋友，鲁智深是林冲的真朋友，而陆谦则是林冲的假朋友。

真朋友是为义而来，假朋友是为利而来。本来素昧平生，本来两不相干，可人家为什么要请你吃饭、给你送礼？说穿了，还不就是盯着你手中那点权力？

真朋友交往重在精神交流。那些从不换位思考，相反为了一些蝇头小利而反目者不可与之为友；在朋友失势时，落井下石者最为卑劣，而这些人也许是平时对你最殷勤者；有事而来，有求而待的朋友越少越好，因为这些人太功利。

按照古希腊人的说法，真朋友是第二个自己。因此，真朋友应是名正言顺、名副其实的同志——趣味相似、操守相类、情感相同。

真朋友经常提醒你，假朋友经常逢迎你。凡是那些不提缺点和失误，只是一味地吹捧和恭维你的人，十有八九是假朋友。真朋友是人生的一笔财富，假朋友则是一颗“定时炸弹”。当你失意、落魄、穷困、无为的时候，假朋友可能离开你，但真正的朋友不会。

一个人年轻的时候可能会广交朋友，难免“鱼龙混杂”。随着阅历渐增，见识益多，朋友会似“大浪淘沙”，但真朋友不属淘汰之列。此时，真朋友便成为老朋友了。老朋友是最宝贵的，久经考验的友谊是最可以信赖的。德国法学家莱特说过：“老的树最好烧，老的马最好骑，老的书最好读，老的朋友最可信赖。”

交友莫滥，只有真朋友才能为你构造一道“安全网”。

吝啬的人是金钱的奴隶

——李忠吝啬遭鄙视

打虎将李忠的武艺平平，却给人们留下了深刻的印象。李忠没有林冲、关胜、秦明、呼延灼、董平那么高超的武艺，不像花荣、戴宗、时迁那样有特殊的能力，也没有鲁智深、武松那么独特的装束形象，也没有李逵、阮小七、石秀那么鲜明的个性，李忠在书中出场不多，为什么人们能记住他，而对孟康、焦挺、侯健、马麟、邓飞、鲍旭之类也出场不多的好汉却看过即忘，原因有二。

一是李忠的绰号好记——“打虎将”，梁山泊上有一群虎，锦毛虎、矮脚虎、笑面虎、青眼虎、插翅虎、花项虎、跳涧虎、中箭虎、病大虫、母大虫，惟有一名打虎将，而这位打虎将既没有打过真老虎，自身武艺也比不上梁山上的那些“虎”。

二是李忠吝啬的特征尤其给人带来不灭的印象。

李忠单独出场有三次：

第一次是在第三回“史大郎夜走华阴县，鲁提辖拳打镇关西”。

鲁达与史进路遇李忠。李忠是教史进开手的师父，此时正在使枪棒卖药。鲁提辖便请李忠一起同去喝酒。李忠却道：“待卖了膏药，讨回钱，一同和提辖去。”鲁提辖道：“谁奈烦等你，去便同去。”李忠道：“小人的衣饭，无计奈何。提辖先行，俏皮便寻将来。”鲁智深焦躁，把围观的众人赶走了，李忠见鲁达凶猛，敢怒而不敢言，只得随鲁、史二人来到酒店。李忠一出场，就显示出对蝇头小利的斤斤计较。

三人正在饮酒，金氏父女为还郑屠钱而在酒店卖唱。鲁达知道金氏父女的遭遇后，立刻拿出身上仅有的五两银子，又向史进、李忠借钱给金氏父女作路费，让他们逃出虎口。史进大方，命出十两银子，李忠小气，只拿出二两银子。鲁达看了见少，便道：“也是个不爽利的人。”并把这二两银子丢还给他。小小一个“丢还”的动作，足见鲁达的豪爽以及对小气之人的鄙视。

第二次是在第五回“小霸王醉入销金帐，花和尚大闹桃花村”。李忠与小霸王周通在桃花山当大王，接鲁智深上山，住了几日，鲁智深便要走。李忠道：“哥哥要去时，我等明日下山，但得多少，尽送与哥哥作路费。”鲁智深寻思道：“这两个人好生慳吝，酒席上放着许多金银酒器，不送与俺，却要去打劫别人的送与洒家。这个不是把官路当人情，只苦别人。”这一段故事描写，再次道出李忠的吝啬。

第三次是在三山聚义打青州那一段故事中，桃花山李忠、周通战不过呼延灼的青州军，向二龙山鲁智深、杨志求救。书中通过鲁智深的嘴再次说出李忠的慳吝。

提起李忠的吝啬，很容易联想到巴尔扎克笔下的葛朗台，当然李忠与葛朗台在吝啬方面不是一个档次。李忠只是小气一些，葛朗台却是十足的守财奴。李忠虽有些小毛病，仍然是好汉，葛朗台却是形象丑陋。但无论有多大的差异，吝啬总是一种不正常的心态和行为。

葛朗台是一个除了认识金钱什么也不认识的吝啬鬼、守财奴、拜金狂。

葛朗台是一个资产阶级暴发户，他最初是一个只有2000法郎的箍桶匠，他依靠不法手段，大取不义之财。他精于投机倒把，平时不动声色，一旦看准机会，他会扑向猎物，他“像猛虎，像大蟒”，“他懂得躺着、蹲着、耐着性子打量猎物，然后猛扑上去，打开血盆大口的钱袋，把成堆的金币往里倒，接着又安静躺下，像填饱肚子的蛇。”他什么财都发，革命财也发，复辟财也发。

葛朗台是一个吝啬鬼。他一件衣服穿二十年，四季穿一双呢袜，连一支蜡烛也不肯多用，楼梯摇摇欲坠也不修理，一日三餐亲自分配，令女仆常常挨饿。他是个爱财如命的执着狂，巴尔扎克写葛朗台“瞪着金子的眼睛”用金子形容葛朗台的眼睛，一语双关。一是西方人的眼睛多半是黄色的，二是寓意葛朗台除了金钱什么也不认。为了占有金钱，他把利爪伸向所有的人，包括他的妻子和女儿。他拔刀撬女儿梳妆匣上的金子，妻子气得一命呜呼，未及穿上丧服，就逼女儿放弃继承权。葛朗台临终时，他叮嘱女儿说：“把一切照顾得好好的！到那边向我交账！”

守财奴葛朗台的丑陋形象是一名反面教员，教育人们应当持有正确的金钱观。

吝啬，就是小气。吝啬与吝惜不同，吝惜指对所有财物十分珍惜，不浪费，不大手大脚，是一种勤俭节约的行为。而吝啬是一种有能力资助或帮助他人，却不肯付诸行动的行为。吝啬之人非常计较个人的得失，遇事总怕自己吃亏。他们不愿帮助别人，因此很少有知心朋友，他人也会因他的小气而避开他。

吝啬之人的另一个称呼，就是“一毛不拔”，人们形容吝啬的人是“铁公鸡，瓷仙鹤，玻璃耗子，琉璃猫”。吝啬之人有一种冷漠、自私的心理。

吝啬之人是金钱的奴隶。金钱是人最好的仆人，却是最坏的主人。当一个人的生活为追求金钱所主宰时，他就迷失了自我。金钱对于像葛朗台、阿巴贡这样的守财奴而言，是其全部的生命和追求，而对有理智的人而言，应当是随时可以打发的仆人。

我们不是不食人间烟火的人。人活在世上，的确需要钱才能生活下去。但是还有比钱更重要、更珍贵的东西，比如亲情与友谊，比如对社会的奉献、行善的举动。大千世界上，谁也不愿做孤家寡人，吝啬之人却可能成为孤家寡人。

你对别人不吝啬，别人也不会对你吝啬。你慷慨地对待命运，命运也会慷慨地回报你。

世界上最不幸的人，就是除了金钱之外一无所有的人。

成功者以点占面

——燕顺三雄战黄信

天下之大，“三”字何其多也。

一部《三国演义》，“三”字就不少：桃园三结义、三英战吕布、三让徐州城、三顾茅庐、三气周瑜、三分天下。

一部《水浒传》，“三”字也不少：吴学究说三阮撞筹、施恩三入死囚牢、还道村受三卷天书、宋公明三打祝家庄、三山聚义打青州、燕顺三雄战黄信、高太尉大兴三路兵、宋江赏马步三军。

生活中，老、中、青为三；上、中、下为三；左、中、右为三；天、地、人为三；敌、我、友为三。传统文化有佛、道、儒三教；力有大小、方向、作用点的三要素；色彩有色相、明度、纯芭的三要素；工业产品造型有型、色、质的三要素。这么多“三”字出现在大千世界中，绝非偶然，肯定有其内在规律。

为什么许多说法都以“三”来概括呢？所谓“三”，即适度，大于三的“四、五、六”嫌繁琐，小于“三”的“一、二”又感单薄，言犹未尽。

一点为点，两点连成一线，三点可形成一面。镇三山黄信押解宋江、花荣去青州，在清风山下遇到燕顺、王英、郑天寿三位好汉劫囚车。黄信绰号镇三山，若没有高强的武艺，他也绝不会自夸要捉尽清风山、二龙山、桃花山人马，论武艺绝对高于燕顺等人。但三个好汉把黄信围了起来，黄信奋力在马上斗了十几回合，顾东顾不得西，顾前顾不得后。黄信虽然英勇，怎敌得三面围攻，只得“三十六计，走为上计”，独自飞马而回。燕顺等三位好汉虽然武艺不如黄信，但三人形成包围圈，攻可合力围之，守可互相照应，如何不赢？

日本有一位叫桶口俊夫的经营者，他创造了“三角经营法”。

20世纪50年代，桶口俊夫在大阪市开了一个小药店，最初销售额很低，日子很是难过。桶口俊夫是个勤于思考的人，一天，他坐电车回家，看到几个小学生玩三角尺，他联想到：“如果数家小店联合起来，保持密切的联系，采取三角或四角形的包围形式，把消费者包围起来，使消费者无路可‘逃’，别的药商也无法来进攻，这样就可以控制较大的生意面。这跟围棋一样，在棋盘上只有一个棋子时它很脆弱，但是它跟几个棋子连接起来时就有了力量。再下几个棋子，就会占领更大的地盘了。”

于是，一个大胆的设想形成了：“将现在的小店作为起点，以全力攻下大阪，把它作为扩展的基础，然后再向全国进攻。”以后，他手边有了一些钱，就开始收买或租下能够互相支援的小店。菜市场有一个很小的店，价钱便宜，他买了下来，贫民街有了一个破旧的店出租，他就租下来改装成药店，形成了第一个“三角形”。

“三角形经营法”很快发挥出了令人吃惊的威力。一家做了宣传，就等于其余两家都做了宣传。三家合起来进货，大大降低了进货成本。如果某一个店一部分药品缺货，打个电话给附近的另一家，立刻就能够得到补充支援。三个店互相融通、互相补充，任何一个小店都可以说自己是无所不备的药店。凡是被这三家店包围的地区，完全被桶口控制成为他的地盘之后，就可以进一步设立第四个店。每新开一个店，就会又产生一个新的强有力的三角形生意面。

经过30年从未间断的奋斗，桶口的连锁店一家又一家，像雨后春笋般在日本各地出现，成为拥有1327家分店的公司。

成功者以“点”求“面”。14世纪中期，伊凡三世以小的莫斯科公国为“点”，让“点”尽可能地牢固，然后求“面”，建立了强大的莫斯科公国。随后，伊凡三世又以大的莫斯科公国为“点”，让其国势强大，伊凡四世才有可能再度求“面”，把国土扩大一倍。“点”就是根据地，有了“点”才能立足，站稳脚跟，才能一步步扩大势力范围。

三国时期的刘备征战半生，东征西杀，竟无立足之“点”，好不容易有了徐州，又不懂以“点”求“面”，白白地把这个“点”也丢了。后来，按照诸葛亮的“隆中对”决策，以荆州为“点”，久久占住，为保住了这个“点”挖空了心思，然后以“点”求“面”，取汉中、西川，成三足鼎立之势。若无荆州之“点”，岂能有西川之“面”？中国革命最初只是星星之火，星星之火需要保存下来，使火种更壮，于是有了井冈山、瑞金、延安这些“点”，以“点”求“面”，建立一个个根据地，连成一片，最后建立了新中国。

1987年6月，法国《巴黎竞赛画报》发表前法国总统德斯坦的看法：“日本取得成功的秘诀是一种神奇的三角形，这个三角形的三条边是：工作、技术、竞争性。”

西方经济学中早有“策略金三角”一说。此说认为，企业的对外营销，主要由顾客、竞争者及企业本身之因素组合，彼此之间具有“三角形”式的有机联系，必须对三者进行综合分析、比较，才能制订较为成功的营销策略。日本的“三角说”正是西方经济学的“策略金三角”理论的成功实践和拓展。

其实，三角形乃整体与部分的关系，研究这个问题也不必拘泥于

“三”。例如，市场营销组合有“4P”、“4C”。我们可以把三角形视为若干因素的结合物，即由诸多部分构成的整体。

无论是西方的“策略金三角”说，还是日本的“三角经营法”，本质是一样的：一是以系统论的观点来看待整体，进行合理的分解、组合；二是找出最主要的，起决定作用的因素。

逢山开路，逢水搭桥

——李师师穿针引线

梁山泊好汉水战三败高俅，尽皆擒捉上山。宋江不肯杀害俘虏，尽数放还。高俅亲口应允："我回到朝廷，便当力奏天子，亲自保举，火速差人前来招安。"

过了些天，梁山泊众头目商议，宋江道："我看高俅此去，未知真实。"吴用笑道："我观高俅生的蜂目蛇形，是个转面无恩之人。他折了许多军马，废了朝廷许多钱粮，回到京师，必然推病不出，朦胧奏过天子。若要等招安，空劳神力。"

梁山泊众将士不想空等招安，决定派燕青、戴宗二人去京城疏通关节。燕青提出去李师师家，朱武建议再找找宿太尉。

李师师是一个妓女，生得十分美貌，她可不是一般的风尘女子，而是宋徽宗皇帝宠幸的人，皇帝逛妓院有伤大雅，于是只能偷偷摸摸，从地道往来。燕青想通过李师师这个中介，使自己能面君陈述实情，于是，李师师便成为联结梁山好汉与皇帝之间的一座"桥"。

燕青先以财宝开路，求见李师师后，先表明自己是梁山燕青，然后对李师师说："如今被奸臣当道，谗佞专权，闭塞贤路，下情不能上达。因此寻娘子这条门路。指望将替天行道、保国安民之心，上达天听，早得招安，免致生灵受苦。若蒙如此，则娘子是梁山泊数万人之恩主也。今俺哥哥无可拜送，只有些少微物在此，万望笑留。”燕青打开帕子，都是金珠宝贝器皿，李师师爱财，一见便喜。

燕青凭借自己高超的公关技巧，又是吹箫，又是唱曲，又是说奉承话，又拜李师师为姐姐。恰好有人来报说天子今晚到来。李师师道：“今晚教你见天子一面。你把些本事动达天颜，赦书何愁没有?”果然李师师并不食言，将燕青以其姑舅兄弟的身份引见天子。燕青亮明身份，奏道：“头一番招安诏书上，并无抚恤招谕之言，更兼抵换了御酒，尽是村醪，以此变了事情。第二番招安，故把诏书读破句读，要除宋江，暗藏弊言，因此又变了事情。童贯引军到来，两阵俱败。高俅提督军马，三阵皆输，自己亦被活捉上山，许了招安，方才放回。”燕青这第一说出实情，皇帝才明白真相。原来，童贯、高俅一直隐瞒了真相。

后来，燕青又打通了宿太尉那座“桥”。

燕青通过李师师这座“桥”，直接见了朝廷的最高决策人，于是实施了真正的招安。燕青打通了宿太尉这座“桥”，宿太尉自告奋勇上梁山招安，终使招安成真。若无此二“桥”，招安的事还会一拖再拖，甚至夭折。

许多哲人都说过：对于一个具有成功性格的人来说，没有平坦的大道可走，只有敢于面对现实，不怕失败的灭顶之灾，人们才可能达到成功的彼岸。不怕失败，才能把被动变为主动!

但是，仅仅不怕失败是不够的，还须逢山开路、遇水搭桥，才能把此岸与成功的彼岸连接起来。

“桥”是中介。两个陌生人本不相识，通过中介——可能是两个共同的朋友，可能是某次集会、宴会。莺莺小姐与张生之间感情沟通有障碍，红娘就是联络二人的中介。许多本不相识的青年男女通过婚姻介绍所、电视台找朋友的节目的中介，结成婚姻。报纸、简报、会议、座谈、告示，是联系政府与民众、上级与下级、企业与员工的中介。各种招聘会是联络用人单位与应聘求职人员之间的中介。企业的市场营销要靠中间商、批发商、零售商为中介，才能与最终消费者产生联系。今天的企业竞争可谓花样繁多，有产品竞争、价格竞争、质量竞争、品牌竞争、形象竞争、广告竞争。但是，产品卖不出去，争来争去还是空的，因此，企业必须着力于架“桥”。

“桥”一旦断了，会给人们做事造成极大的障碍。

宋江一打祝家庄，中了四面埋伏，来的旧路都被阻塞，前面只有盘陀路，但是走了一遭，又转到原处。原来有路的地方，又有竹签、铁蒺藜，遍地撒满鹿角等障碍物。正在危急之际，多亏探路的石秀赶到，石秀通知大家，只看有白杨树便转弯走去，不要管路阔路狭。梁山军士按照石秀的指挥，见白杨树便转，走过五六里路，却见前面人马越添得多了。宋江疑忌，便唤石秀问道：“兄弟，怎么前面贼兵众广？”石秀道：“他有烛灯为号。”

花荣纵马向前，望着树影中只一箭，恰好把那碗红灯射下来了。祝家庄四下埋伏的军兵不见了那盏红灯，便都自乱跑起来。宋江让石秀引路，这才杀出村口。

祝家庄这盏烛灯便是沟通军兵与攻击目标的“桥”。“桥”断了，祝家庄军民就找不到攻击目标了。“桥”若不断，那么梁山兵将的损失将十分惨重。

“桥”是方法。“想怎么做”与“做了”之间要靠方法搭“桥”。过河需要桥和船，而方法就是驶达彼岸的“桥”和“船”。七雄智取生辰纲之所以手到擒来，是因为有求异的思维方法做“桥”、小李广梁山射雁，是通过自荐的方法这座“桥”，使晁盖等人敬佩了他。宋江三打祝家庄，折了三庄联盟的“桥”，建了孙立、孙新这座“桥”，使梁山好汉插入庄内。

世界上的事物都是互相联系的，它们之间或在形体、或在功能、或在原理、或在结构，往往有共通之处，我们一旦掌握了它们之间的联系，就能由此及彼，引起联想。所谓联想，即由某人或某事物而想到其他相关的人或事物。有人说联想是金，此话千真万确。因为通过联想，人们可以创造出许多新产品、新发明，从而创造财富。正因为世界上许多事物的道理相通，这就为我们以少知多、以近知远、以一知十提供了可能，联想是构筑发明之桥。

“桥”的作用如此之大，所以我们应当建“桥”、爱“桥”、护“桥”。

众人之识，未必正确

——招安众心不一致

以宋江为首的梁山起义军最后的结局是被招安。一提起招安，人们总喜欢把责任推给宋江，以为是宋江强行灌输招安思想，其实非也，招安思想在梁山泊大有市场。宋江当然是招安的主要策划者和推动者。但积极主张招安的并非宋江一人，柴进、卢俊义、李应等都是大财主、大庄主；关胜、呼延灼、秦明、索超、董平、张清、黄信、孙立、韩滔、彭玘、单廷圭、徐宁等人都是朝廷将领；安道全、萧让、金大坚等人则是在很不情愿的情况下被骗上山的，他们心中十分愿意被招安。

《水浒传》中，反对招安，或不太愿意被招安的只有李逵、鲁智深、武松、阮氏三雄等少数头领，吴用最初也不赞成招安。书中没有指明的人，像白胜、樊瑞、孙新、顾大嫂等人，可能也有不愿招安的，但看到大多数人的态度，自己也就不说什么。所以，最后虽然大伙受招安下山，有的头领并不一定心服，只是怕坏了义气，顺着大家的意思罢了。这一部分人的心理叫做“从众心理”，但是，梁山众人的意见是错误的，这一招安，宋江、方腊、田虎、王庆四支义军全被平息。不但兴旺的梁山山寨已成过眼烟云，而且幸存之头领也被蔡京等四大奸臣分而害之。梁山众人之识酿成了悲剧。

平方腊之后，一些头领在惨重的教训下吃亏长智，不再从众了，鲁智深、武松、李俊、童威、童猛、阮小七、柴进、燕青、李应誓不为官，均免于一死，《水浒后传》中这些英雄重新聚义，又干出一番大事业，此为后话。

众人的看法和做法有正确的，但也有不正确的，因此不能不加分析、不加取舍地全盘接受，任何真理，最终都会被广大人民群众所接受、所掌握。但是，真理最初往往是被某些先知先觉者认识并掌握着，然后经过宣传、教育、实践，将真理传播并为众人所掌握，众人在掌握真理之后，其所言所做是正确的，无疑应当遵从和尊重。但是正因为众人接受真理需要一个过程，在众人尚未掌握真理之前，其所言所做就未必正确，任何一种具有革命性的新观念、新理论，在开始提出时，和者必寡，因为大多数人还未能理解。能够理解和接受的人，往往只占少数。哥白尼的“日心说”、达尔文的“进化论”、哈维的“心血运动论”、罗巴切夫斯基的“非欧几何学”学说问世之初，和者皆寡。如果我们不通过自己的独立思考和审查才决定取舍众人之言，而老是“从众”，那不仅不能参加创新、推动创新，还可能站在创新的对立面，成为妨碍创新的阻力。

众人之言、之做未必正确，除了上述分析之外，还有以下原因。

感情因素往往导致众人所言所识的偏差。例如，众人对某人的看法好坏，其群众关系起到相当大的作用。有的企业选用干部，仅靠简单的投票选举。其实完全靠投票决定并非全面，因为这里面渗透着复杂的人际关系。群众关系好只是用人的一个方面，但绝不是全部。国外有一个“古德曼中庸定理”，说的是工作一般、政绩平平的老好人、“老实”人们，往往在民意测验中得票最多，评价甚高，而干工作较多、敢于开拓创新、优点突出的人，因其缺点也暴露较多，得罪人较多，对他们的评价往往不如前者。这个“古德曼定理”虽不一定完全准确，但也可看出众人之识的局限性是非常明显的。感情因素常常会束缚众人的思维和理智。

利益因素也往往导致众人所言所识的偏差。改革才能够生存和发展，但是，改革的路往往不平坦，改革一开始可能会遇到不少阻力，而阻力有时来自于大众。改革的目的是为大众谋利益的，但是可能打破了人们常规的生活和工作习惯，可能损害了人们的暂时利益，由不习惯、不适应、吃点小亏而发发牢骚，其实是认识上的偏差而致。

由于种种原因，众人的一致看法和做法，有时也会发生偏差和错误。春、冬两季的清晨，城镇空气是一天之中最差的，但众居民愿意到户外活动，这就不符合科学。近年来兴起的房间装修风格求大求繁也不符合科学。黄鼠狼明明是益兽，以食鼠为主，民谚却非说“黄鼠狼给鸡拜年，没安好心”，说黄鼠狼是害兽，这也与事实有偏差。

“从众”就是服从众人，顺从大伙儿，随大流。在“从众定势”的指导下，别人怎么做，我也怎么做；别人怎么想，我也怎么想。众人的意见容易形成一种压力，从众行为乃是指个人在群体的压力下，会使个人放弃自己的意见，而取和大多数人一致的意见。从众心理是一种很普遍的心理。因对自己的判断缺乏信心，对后果没有十分把握，随大流以求心安，这种情况不是少数。

从众心理、从众效应为什么是自然界与社会界的一个很普遍的现象呢？许多人都认为，无论是在一个大范围还是小范围，一般来说，众人形成的共同看法，都有其主客观原因和根据，而它们都在不同程度上经过了众人的思考和审查，虽不见得一定正确，至少正确的可能性是很大的。既然这样，那么，在自己还没有以充分理由提出不同的看法与做法前，不犯或少犯错误也就常常是必需的，而且是恰当和明智的。这是一般人在这个问题上的普遍观点，它也是形成从众心理的主要因素。持有从众心理的人虽然想不犯或少犯错误，但是由于众人之言未必正确，反倒因从众而犯了错误。

从众心理的形成，还源于使个人有一种归属感和安全感的想法，能够消除孤单和恐惧的感觉。从众可以不冒风险，对了则皆大欢喜，错了大家都不丢面子；从众可以维持一团和气的局面，避免发生分歧、争吵和斗争，即使是犯了极其严重的错误，人人都有份，可以不受到追究，法不责众的心理会充斥于胸，即使上面追究下来，也是“胁从不问”、“受蒙蔽无罪”。古语有“法不责众”，但并不代表你所做的事无错，而且《刑法》中规定，群体犯罪的每个人都要根据所起的作用和社会危害大小，各负各相应的刑事责任。

并不是说一定要反对从众，我们不赞成的是盲目从众。我们生活在大众之中，生活在集体之中，生活在社会之中，需要在许多方面和众人一致，才能融入集体。如果处处与大家不一致，事事标新立异，总是与集体对着干，岂不成了“另类”、“怪物”。但是盲目从众不可取，因为人一盲目就缺乏了理性，人云亦云，难以创新。三十多年前，有人曾问一个陕西放羊的小孩，你养羊干什么？小孩回答：卖钱。又问，卖了钱干什么？回答：讨婆姨。再问，讨婆姨干什么？再答：生娃。生娃干什么？养羊。养羊干什么？卖钱。卖钱干什么？讨婆姨生活……这个放羊娃的头脑很简单，人家都这么活着，我当然也得这样活。中国农民几千年来陷入了“从众”的怪圈，年复一年、代复一代，所以总是一个字：穷。改革开放以后，中国农民从“从众”的怪圈里走出来，学科技、走天下、办企业、搞养殖、跑运输、想点子，变着花样地致富，八仙过海，各显神通，日子一天天地好了起来。

过分“从众”和过分张扬个性都是极端，都会导致我们犯错误。

在我们的人生过程中，常常会听到众人的劝告。众人对你的劝告一般都是善意的，他们真心地想帮助你，尽管如此，你也必须保持自己的独立自主意识。你应当认真倾听，衷心地感谢他们。至于该怎么做，还是得自己拿主意，无论何时何地，你都要保持自我清醒的认识。有人以为，事事从众会获得一个良好的人际关系，其实未必，甚至可能是相反的。人际关系的形成，源于互动、互利、互帮、互补。你一点主见也没有，只知随大流，不能提出有用的意见帮助别人，能有一个好的人际关系吗？如果你想有一个好的人际关系，那么你就要相信自己，成为你自己。人家是与“你”交往并合作的。只有你相信并接受自己，你才会有能力相信并接受别人，而相信与接受历来是相互的。

有的人思考问题喜欢遵循别人的思路，制订人生战略愿意依别人所为行事。他们觉得跟在大家后边干，不必担“敢为天下先”的风险，虽无头功之利，也能有些实惠可获，何况那么多人都抢着干的事，肯定是好事。跟在别人后面干确实有成功的可能，“跟随超越”便是成功的一例。但是，如果不深入调查研究，不进行可行性分析，不分青红皂白地步人后尘，人云亦云，十有八九是要吃亏的。

明明知道别人做得不对，却要随大流，白白浪费了精力和时间。

危机常常出于麻痹

——武大郎居危竟无忧

武大郎是个既可怜又可悲的人物。说他可怜，是因为这么一个老实本分的好人，与世无争，最后竟被活活毒死；说他可悲是因为他头脑太简单，身居危难之中，每天仍无动于衷，竟无半点忧患意识。

武大郎本来就不该娶潘金莲，娶潘金莲就等于娶了危难。武大郎身高不满五尺，面目丑陋，又无钱无势，只能靠卖炊饼为生，生活必然清苦。娶了个年轻貌美的潘金莲，就不想想能白头到老吗？今后能不出事端吗？白白捡了一个便宜，一点也不疑忌。白白捡的便宜，福中必有祸。这些道理，武大郎浑然不觉，反而“高枕无忧”。

潘金莲无奈之下才嫁给武大郎。她嫌武大郎“三寸丁谷树皮，三分像人，七分似鬼”，自认自己晦气，经常欺辱武大郎，闲言碎语，行为举止之中少不了对武大郎嫌这嫌那，家庭战争不断。武大郎却总是小心赔笑脸，一声不吭，明明家庭危机，却天天安心自得地卖炊饼。一个家庭经常吵骂就是破裂之源，可是老实人武大郎仍无半点忧患之心。

当郓哥告诉武大郎说潘金莲与人通奸时，武大郎仍然不信。武大郎整天和潘金莲在一起过日子，就一点蛛丝马迹也发现不出来。当他发现了西门庆与潘金莲的奸情后，还意识不到将有大难临头，还认为自己有兄弟武松撑腰，自己是安全的，出不了大事。武大郎还想大事化小，小事化了，对潘金莲说：“我的兄弟武二，你须得知他性格，倘若早晚归来，他肯干休？你若肯可怜我，早早服侍好了，他归来时，我都不提。你若不看重我，待他回来，却和你们说话。”此时，武大郎的忧患意识已降为零，竟把自己心里所想全盘端出，连最起码的警惕也丧失全无。他自以为有武松在，他们不敢怎么样。岂不知这偏偏提醒了西门庆和潘金莲，要趁着武松出差在外之机，及早害死武大郎，杀人灭口，以防后患。

武大郎临死之前，仍没有意识到危险，仍对潘金莲抱有幻想，他对潘金莲说:“你救得我活了，无事了，一笔都勾，并不记怀;武二家来，也不提起。”

武大郎居危竟无忧，足见其思维麻木。

人在危险、困难、信任、目标、任务面前容易产生一定的压力，但是，在安定、幸福、顺利面前却不容易产生压力，这是比灾难更加危险的。因为幸福与灾祸，享乐与苦难，本来就是对立统一的事物，你中有我，我中有你，相互转化。一旦幸福转变为灾祸，常常由于一点思想准备也没有，竟无半点应急的办法。

幸福和安逸的生活有一种不易被人觉察的副作用，这就是麻醉。为了克服这种副作用，就应当始终保持清醒的头脑，继续保持压力感，居安思危。奢靡就是危，无忧便是危;俭约才是本，振奋才是本。今日的安逸往往意味着危机的来临和未来的失败，而持续的压力感无疑是今后辉煌的前奏。

回顾我们自己走过来的旅程，当生活和工作的重担压得我们喘不过气，挫折、困难堵住了四面八方的通道时，我们往往能发挥自己意想不到的潜能，杀出重围，找出一条活路来；等到大功告成，志得意满，反而阴沟里翻船，弄得一败涂地，不可收拾。

由优变劣，由成功变失败，由安全变危机，都属于质变。质变有两种情况，一是突变，一是渐变。人们对于突变时刻保持着警惕，因为它来得太急，绝大多数应变措施都是应付突变的。其实，量变到质变更应当警觉，因为它可能让你在“自我感觉良好”的状态下丧失顺境和成功。

一株高粱，身上有片叶子长了虫子。小鸟飞来，要给它除掉。高粱摇摇脑袋说：“用不着，用不着，有几只小小虫子能把我怎么样？”过了几天，又有几片叶子发现了虫子。小鸟又飞来要给它除掉，高粱满不在乎地说：“用不着，用不着，看几只小虫子能把我怎么样？”又过了几天，害虫爬满了所有的叶子，绿绿的叶子变黄、枯萎了。这时，高粱才着了慌，想找小鸟来除虫，此时的高粱已经奄奄一息，没有一点精神了。

耽于安逸、盲目乐观、麻痹大意、麻木不仁，未尝不是足以警惕的危机源，谁对危机掉以轻心，危机肯定会光临谁，盲目乐观往往迎来了危机，断送了大业。

许多事故和危机是完全可以避免的，如果有认识、有准备、不麻痹，危机就不敢来犯。一个人在创业过程中小心翼翼、如履薄冰、殚精竭虑、奋力拼搏，不敢有一丝一毫的松懈。一旦干出点成就来，便养尊处优，毫无危机感，“刀枪入库，马放南山。”科学技术发展太快，再有学问的人也不能自以为是，现有的学问管得了一时，管不了一世。如果不学习，不更新知识，危机将不请自来。

中国的能人太多。莫以为己能，山外有山，楼外有楼，能人背后有能人，所以你盲目乐观不得。有些能人你认识，有些能人你根本不认识，人家怎么想怎么做，你无从知晓。能人的一个小发明，可能会威胁你的大事业。你管不了别人，但是却管得了自己，自己不自满，常有危机感，自己勇攀高峰，不断创新，也就无大险了。

越是在和平年代，就越要有战争的危机感；越是在顺利的境况，就越要有下岗的紧迫感；越是大红大紫的时候，就越需要提防乐极生悲；越是接近成功的边缘，就越不可掉以轻心。

堡垒经常从内部攻破

——祝彪自毁三庄联盟

独龙冈前面，有三座山冈，列着三个村庄。中间是祝家庄，西边是扈家庄，东边是李家庄。祝家庄庄主祝朝奉，有三个儿子，称为祝氏三杰。长子祝龙、次子祝虎、三子祝彪。又有一个教师，唤做铁棒栾廷玉，有万夫不当之勇。扈家庄庄主扈太公，儿子飞天虎扈成，十分了得，女儿扈三娘，使两口日月双刀，马上功夫了得。李家庄庄主李应，绰号扑天雕，使一口浑铁点钢枪，背藏飞刀五口，百步取人，神出鬼没。这三家结下生死誓愿，同心共意，一旦有了吉凶，互相救助。三庄离梁山泊不远，于是齐心合力抵抗梁山义军，三庄互为同盟军。三庄总共有一两万军马人家。祝家庄的祝氏三杰、教师栾廷玉，扈家庄的一丈青扈三娘，李家庄的扑天雕李应，武艺都十分高强。三庄结盟，兵多将广，如铁桶般巩固。倘若始终结盟，梁山大军极难攻下。

三庄同盟并非铁板一块。首先，祝家庄与李家庄出现了矛盾。因为时迁偷鸡，被祝家庄抓去，杨雄、石秀托李家庄庄主李应出面要人。李应派人下书给祝家庄，请求放了时迁，祝氏三杰书也不回，人也不放，定要将时迁解上州去。李应失惊道："他和我三家村里，结生死之交，书到便当依允。如何恁地起来？"李应又派主管杜兴再去，二次下书。

杜兴带着李应书信，来见祝氏三杰，说明缘由。祝彪变了脸，将李应书信也不拆开来看，就手扯得粉碎，喝叫把杜兴赶出庄门，祝彪又骂道："休要惹老爷们性起，把李应捉来，也做梁山强寇解了去。"李应听杜兴言罢，怒从心中起，无名火再也按捺不下，持枪飞马奔祝家庄论理，大骂祝彪违约，祝彪也骂李应勾结梁山反贼，意在谋叛。二人话不投机，于是兵戈相见。李应中祝彪一箭，只得回庄养伤。从此，两庄关系开始破裂。

宋江一打祝家庄败阵以后，心生一计，带着彩缎、名马、羊、酒厚礼拜会李家庄李应。李家庄表态，梁山大军若攻打祝家庄时，李家庄决不出兵救援祝家庄。宋江轻而易举地破了祝、李二庄之盟。

宋江二打祝家庄时，扈家庄女将扈三娘率兵救援祝家庄，并且活捉了梁山的王英。梁山的大将林冲又活捉了扈三娘。扈家庄的扈成见妹妹被捉，立即牵牛担酒，求见宋江，请求放了扈三娘。军师吴用向扈成提出两个条件：一是梁山再打祝家庄时，扈家庄不可令人去救助；二是倘若祝家庄上有人投奔扈家庄，可立即捉住。若能捉住祝家庄的人，梁山泊一定送还扈三娘。吴用的两个条件，又打破了祝、扈两家的联盟，使祝家庄孤掌难鸣。

宋江三打祝家庄，里应外合，大获全胜。宋江入庄。祝彪见庄兵报知，不敢回庄，直望扈家庄投奔，被扈成叫庄客捉了，绑缚下。正解将来见宋江，恰好遇李逵，只一斧，砍翻祝彪头来。祝彪自毁三庄联盟，导致庄破人亡。

堡垒往往是从内部攻破的。历史上此类例子极多。

19 世纪中叶，美国有一个莱曼兄弟公司，办得有声有色。20 世纪 80 年代，公司呈登峰造极之势，成为华尔街最大的投资银行之一。然而就在公司的鼎盛时期，由于两位总经理彼得森与格拉克斯曼之间无法调和的火并，华尔街上的这个巨大的金融公司，尽管闯过了 134 年的风风雨雨，却葬送于内耗之中。这家老牌大公司的垮台，尽管一部分是由于外部的原因，而最大的原因则是由于两虎相争。激烈的南北战争没有使公司垮台，内耗却断送了这个曾经是如此强大的公司。

系统论指出，总系统的功能并不简单地等于各个子系统的功能之和，而在于结构的合理与子系统之间匹配得谐调与否。彼得森和格拉克斯曼每个人都是强将，但他们认为“一山难容二虎”，每个人的才能都用到如何对付对方身上，得到的就不是智能的叠加，而且相互抵消。

还是蔺相如理智，他深知强大的秦国之所以不敢侵犯赵国，就是因为赵国有他和廉颇这一文一武的缘故。如果将相不合，冲突起来，不管胜负如何，对赵国都没有好处。秦国就会趁机攻打赵国，那时候国家就危险了。

一个组织如果每况愈下，问题大多出在内部。一个企业如果出现了内耗，大家心不往一处想、劲没往一处使，相互掣肘，有人捧柴、有人泼水，员工必然无所适从，情绪就会低落，无法发挥自己的效率。如果领导者都是强者，而且品质也都不错，但是领导者之间性格不同、志趣不投、情操相悖、风格迥异，也会大大削弱领导群体的功能，结果总是思路不一，内耗丛生。至于那些思想品质不好的人，更会以“一粒老鼠屎”坏了“一锅粥”。

物理学研究力，两个分力作用于物体的同一点上，如果二力同向，则合力最大，且大于任何一个分力；如果二力反向，则合力最小，且至少小于其中的一个分力。至于不同方向的三力、四力的合力，有可能为零。俄国寓言家克雷洛夫有一则寓言：天鹅、梭鱼、乌龟决定共同拉一辆车子，三个动物谁也不偷懒，都使劲地拉车，然而车子却纹丝不动。原来，它们拉力的方向不同，天鹅的力指向天空，梭鱼的力指向水下，乌龟的力指向陆地，三个力互相抵消掉了。

任何一个群体都要防止内耗，因为内耗伤元气，太平天国刚刚建都南京时何等辉煌，如日中天。但没多久，领导层就发生了内耗，这一场内耗使太平天国元气大伤。三国时期蜀汉前有诸葛亮，后有姜维治国，此二人皆盖世奇才，可惜朝中出了一个奸臣黄皓，消耗了诸葛亮、姜维的才能，以至诸葛亮丧失了进取中原的战机，姜维为避祸不得不去屯田。

内耗有两种：一种为垂直内耗，即上下级之间的相互猜疑、防范；另一种为水平内耗，即同级之间的相互诋毁、拆台。防止内耗应当从两个方面去努力，一是重视人才的合理结构，匹配得合理和协调，从环境上杜绝内耗；二是创造良好的心境，治疗员工们的心理疾病，去其妒心，从塑造完美人格上杜绝内耗。为了杜绝内耗，还应当创造一个公平、公正的环境。人们都喜欢比较，当感觉自己吃了亏而别人占了便宜，就可能产生不公平感、压抑感，可能会由攀比走向某种极端。

许多人在拥有不少优点的同时，也会存在不少陋习，如嫉妒、自大、疑人、追逐名利等，这些陋习常常引发内耗。人有陋习并不可怕，但不可听之任之，每个人如果做到 16 个字，即“傲不可长，欲不可纵，妒不可存，礼不可无”，则内耗无生成之源。

内耗伤元气，人和才是宝。我们的社会、组织、工作和生活，越来越离不开“和”。

《论语》中说：“礼之用，和为贵；先王之道，斯为美。”意思是说，礼的功用主要是调和，先王之道是以和谐为美。从孔子那个时代起，中华民族就把和当做了最宝贵的东西。夫妻需要和，家庭需要和，民族需要和，国家需要和，世界需要和。和就是克制自己的锋芒和欲望，包容别人的风头和不足。互相尊重、理解、友好、帮助。

和中有爱、有福、有美、有乐。家和万事兴，国和万业强。一个和谐的社会，必定安定、进步，任何力量都不可能将它摧垮。

耳聪目明，助人成功

——朱贵酒店是耳目

梁山泊有四家酒店：东山酒店由孙新、顾大嫂夫妇二人主持；西山酒店由张青、孙二娘掌管；南山酒店由朱贵、杜兴操持；北山酒店的店主是李立、王定六。四家酒店的任务是打听消息，迎接八方来宾。这四家酒店是梁山泊与外界进行联系的场所。

最初，梁山泊只有朱贵一家酒店，设在湖边。林冲雪夜上梁山时，在朱贵店里打听去梁山泊的路，又乘着酒兴在酒店白墙上写下“仗义是林冲，为人最朴忠”的诗句，被朱贵发现。朱贵在酒店水亭上取出弓，搭上一枝响箭，隔湖向对面芦苇丛中射去。林冲不解何意，朱贵解释说这是山寨里的号箭，不一会儿就会有船来。果然没多时，只见对面芦苇泊里驶来一只快船，朱贵引林冲投奔了梁山。

古代信息传递的途径不多，酒店成了一个搜集信息、传播信息的最佳场所。酒店里人员杂多，南来北往，闲谈之中沟通了信息，还有的人专门到酒店商量事情。陆谦与管营、差拨密谋陷害林冲就是在酒店里商议的，多亏店主李小二是林冲的朋友，探听到这个信息，告诉了林冲，才使林冲提高警惕，有备无患。还有一例，宋江酒醉写下反诗也是在酒店，正因为酒店是个什么人都可以来往之地，反诗才被来店闲玩的黄文炳发现，宋江才遭大祸。

当今，获得信息的渠道很多，但是去酒楼、饭店、咖啡馆获取信息，在国内外仍很时兴。美国有越来越多的人，如各个社团的领导人、公司的经理、高级职员和著名人士等，都习惯在一天上班之前，走进餐馆，一边吃早餐，一边谈生意，在早餐桌上获得各种信息，进行经营决策，成交各种买卖。外国人把它称为“早餐聚会”。

被称为世界“假发业之父”的刘文汉，就是靠在餐桌上获得信息而发达的。那是1958年，刘文汉到美国旅行。有一天，他与两位美国商人到一家餐馆共进午餐。在吃饭中间，当谈到什么新行业可以在美国有发展前途时，其中一位美国商人说了一句“假发”。言者无意，听者有心。刘文汉经过一番调查了解，果然发现一个戴假发的热潮将在美国兴起。刘文汉立即回到我国香港，创办了一家假发工厂。产品投放到市场上，被抢购一空。这样，他逐步扩大生产，创立了假发制造业，那顿午餐的倾听，成了刘文汉发迹的起点。

在以信息情报技术能力的强弱决定经济胜负的时代，信息与经济有一种明显的、直接的因果关系。一条信息可以救活一个濒临破产的企业。如果一个企业的人力物力并不太强，但是获取信息的能力却很强，这个企业则可充分利用自己的有限力量，及时创新并生产出适销产品。相反，如果一个企业各方面力量都很雄厚，但是信息不灵，或者判断信息的能力不强，就会造成费大气力生产出来的东西市场不需要，占用了大批资金而造成积压的后果。

英国前首相撒切尔夫人说：“英国实业家将由于信息灵通而在贸易和投资的机会中获得更有利的条件。”这话并非虚夸。

人有一口，但有双耳双目，那就要多听多看。朱贵的酒店就是梁山的耳目。我们每个人都要养成多听多看的好习惯。

倾听可以借到别人的智慧，小口巨耳所形成的“巨耳效应”不可低估。有些人以为自己无所不知，无所不晓，无论别人说什么，他都要插上一嘴。脑子光想着说了，还有心思倾听吗。松下幸之助曾这样回答友人的提问：“如果用一句话来概括我的经营诀窍，那就是‘首先要细心倾听他人的意见’。”

善于倾听的人总会有很好的人际关系，倾听既是对他人的尊重，也是汲取大家智慧的一个途径。孤家寡人、自以为是的人只能自我孤立。有许多很好的建议，必须靠倾听才能获取；有许多新颖的思路，必须靠倾听才能唤起和连通。

人在做事时，往往是当局者迷，旁观者清，多听别人的建议大有益处。古人云“兼听则明，偏信则暗”，“三人行必有我师”。无论一个人如何浅薄，总会有自己的一点之得，这 100 个“一点之得”，1000 个“一点之得”，难道不能使你从中大受裨益，从而成为一个智者吗？

巨耳，即纳广言。倾听专家和智囊团的意见十分必要，但是不全面。有时候，由于专家们懂得太专，就容易被封闭在学识和经验的圈子里，一想不可能就决断地认为不可能，不肯再向前进行。外行比专家的想法有弹性，思维不受任何限制，更能想出标新立异的东西。

倾听要与顿悟思维联系起来，才可能激发灵感。

日本富士胶卷销售部长看着堆积如山的库存胶卷发愁，无意间对开发计划部部长说：“为什么不在这些胶卷上加装镜头和快门呢？”开发计划部凭着这句话，点燃了新产品创意的火花，经过市场调查和反复试验，终于成功地制造了一次性的简便照相机，立即畅销国内，风行世界。

交谈、争论中获得的信息，也有其局限性，易引起对方的警觉而有所保留。所以，在某些情况下，观察比倾听更有实效。我国台湾《工商时报》在一篇题为“勤学包打听，苦练通天眼”的文章中介绍了零售业者观察市场的方法：从人潮、车流的数量中找寻新的零售出口，或评估现有零售出口的绩效；观察竞争对手商店的摆设、商品陈列、价格等；观察自己的消费者，看看不同的阶段、不同的日子里，有哪些不同的消费者，以及他们购买的特性，并详细记录下来；持续且有系统地记录竞争对手的有关广告、促销等方面的活动。

日本人搜集情报、信息，什么都不放过，甚至把一些著名饭店的菜单也翻译出来。他们的工作哲理是："谁知日后什么是重要的?"日本企业多看多听的经验，确实值得我们借鉴。

看不见的竞争对手最厉害

——里应外合破祝家庄

孙立、孙新大劫牢，解珍解宝双越狱，一行好汉星夜奔上梁山泊去。

孙立一行来到梁山山下石勇的酒店，听说宋江打祝家庄，二次打不破。孙立听罢道：“祝家庄教师栾廷玉，与我是一个师父教的武艺。我们今日只做登州对调来郓州经过此地，来此相望，他必然出来迎接。我们进身入去，里应外合，必成大事。”吴用十分赞同孙立的计策，于是孙立先不上山，把旗号换作“登州兵马提辖孙立”，领了一行人马，来到祝家庄。栾廷玉听得是登州孙立来相望，出来迎接。孙立假意帮助祝家庄，一行人进行庄里来。

过了一两日，宋江又调军马杀奔庄上来。孙立披甲上阵，梁山阵上石秀迎战孙立，两人斗到五十回合，孙立卖个破绽，让石秀一枪搠入来，虚闪一个过，把石秀从马上捉过来。其实，这石秀的武艺不低于孙立，梁山好汉要让祝家庄人相信孙立，故意让孙立捉了石秀，祝家庄果然不疑孙立。

孙立站稳脚跟后，暗暗地让邹渊、邹润、乐和去后房把门户都看了出入的路数。乐和偷偷地将里应外合的消息透给被祝家庄擒拿的秦明、石秀等七名梁山好汉。顾大嫂也看清了房户出入的门径。

又一日，宋江分兵四路攻打祝家庄。孙立道："分十路待怎样！你手下人且不要慌，早作准备便了。"栾廷玉、祝龙、祝虎、祝彪分别从前门后门迎敌梁山四路兵马。祝家庄内兵马已空，此时，邹渊、邹润已藏了大斧，只守在监门左侧，解珍、解宝藏了暗器，不离后门。孙新、乐和已守定前门左右，顾大嫂拿了两把双刀在堂前，只听风声便下手。祝家庄上把前后门都开，放了吊桥，一齐杀将出来，四路军马四下分头去厮杀。孙立带了十数个军兵立在吊桥上，孙新把原带来的旗号插在门楼上。乐和发出信号。邹渊、邹润听得信号，抡动大斧，砍翻守监房的数十个庄兵，开了陷车，放出秦明、石秀等七个好汉来，七位好汉各寻了兵器一声喊起。石秀杀了庄主祝朝奉，解珍、解宝去马草堆里放起火来，黑焰冲天而起。梁山四路人马见庄上火起，并力向前。祝虎见庄里火起，先奔回来。孙立守在吊桥上拦住祝虎，祝虎被宋江阵上吕方、郭盛两戟搠翻。一场大战，梁山大获全胜，孙立功不可没。

对于祝家庄而言，宋江的数路军马是"明枪"，而孙立一行则是"暗箭"，正所谓"明枪易躲，暗箭难防"。暗箭之所以难防，是因为暗箭不露声色，不惹人注目，不去防范或认为不值得防范，倘若暗箭再以己方身份作为化妆，危险性则更大，孙立一行便是化了妆的"暗箭"。

春秋后期，吴国的公子光有才有志，吴王僚是他的堂兄。公子光想夺取王位，便重用勇士专诸。一天，公子光请吴王僚到他家赴宴，而在地下室埋伏了军队。吴王僚也怕出意外，派了大批军队，从王宫一直排列到公子光的家里，宴会席上也站满了带着武器的亲信。宴中，公子光假托脚痛，偷偷出来到地下室嘱咐专诸将一把锋利的短剑放在鱼肚子里，乘机行刺。专诸把鱼送上宴席时，迅速从鱼肚中取出短剑朝吴王僚猛刺过去。锋利的宝剑刺穿了吴王僚的铠甲，戳入胸中，吴王僚气绝身亡。从此，公子光登位，他就是吴王阖闾。

专诸是利用鱼腹剑刺杀吴王僚的，荆轲则是利用卷在地图中的剑去刺杀秦王的。他们的剑都以某些物体为掩护，别人看不出来。孙立是以“登州兵马提辖”的合法身份和“栾廷玉同师学艺”的同窗身份为掩护，祝家庄识不出来。鱼腹剑就是“暗箭”。兵战中，交战双方常常使用一些活的“鱼腹剑”，在某种掩盖下，刺探对方的情报，或等待时机行事，以里应外合，这些活的“鱼腹剑”，就是人们常说的“间谍”、“特工”。他们的作用是一般人比不过的，所以，用间与反间是战争中的常用策略。

商场如同战场，现代社会的企业如果不具有防间、识间、反间、用间的意识，就难以在激烈的市场竞争中站稳脚跟。当今世界，经济间谍已密布全球，据权威人士统计，全球经济间谍总人数已超过230万。目前在国际经济交往中，商业间谍占世界间谍总数的百分之七八十以上，他们往往以旅客、记者、商人、侨民、演员、探险家等身份出现在各种场合。据说，美国加利福尼亚的硅谷，有世界各国五百多名间谍人员在那里经常出没，每年有两千多万美元的半导体芯片被盗。日本的工业间谍情报网更是广布世界各地。如此看来，防间、识间非同小可。

防间需先识间，孙子说：“用间有五：有因间、有内间、有反间、有死间、有生间。”

其一，因间。“因间者，因其乡人而用之。”因间是利用对主阵营中普通人做间谍，又称为乡间。因间以合法身份出现，他们常在不知不觉中帮了对手的忙。例如，广播、电视、报刊、演讲、展览、信息发布会等。日本汽车、电视机在打开美国市场时曾大量使用“因间”，如聘用当地人为员工，调查当地人的消费习惯、消费能力、市场容量。为了防内因失密，新闻界、学术界应制订自律与防范措施，加强保密意识和保密检查。企业的事情，凡属秘密之类，该哪一级知道就只能让哪一级掌握，外传则无益，更重要的是要对全体员工加强保密教育，防止祸从口出。

其二，内间，“内间者，因其官人而用之。”指收买对方的官员等内部人员为间谍，窃取情报。利用内因窃取机密情报在今日的商业领域极为普遍。内奸，常常披着合法的外衣，担任一定的职务，掌握一定的机密，对公司和国家利益危害更大，因此更须认真防范。

其三，反间。“反间者，因其敌间而用之。”指收买、利用对方的间谍来侦察敌情，或者向敌方传递假情报。

其四，死间。“死间者，为狂事于外，令吾间知之，而传于敌间也。”指我方潜派间谍至敌营提供我方假情报，窃取敌方真情报，诱敌上当。一旦敌方受骗，间谍难免一死，所以称为死间。

其五，生间。“生间者，反报也。”指派往敌方收集情报能活着回来报告敌情的间谍。经济活动中的生间大都以公开合法身份而出现，他们利用考察学习、洽谈合作、学术研讨、旅游休假等形式收集情报。有朋自远方来，不亦乐乎。但是，友谊归友谊，保密归保密，这是保护我国经济情报的基本常识。改革开放以来，国门洞开，每天都有大批外国人涌进我国，有的确是来做生意的，有的则是专职或兼职的“生间”。由于我国一些部门疏于防范，热情过度，结果将自己的一招鲜毫无保留地奉送给他人。

两千多年前孙子提出的以上 5 种用间形式，在今天的商战中仍屡见不鲜。认识到这 5 种用间形式，对于防间大有借鉴作用。商业“暗箭”的出现，可以使企业数年的心血，一夜之间化为乌有。看得见的竞争对手不会给你造成太大的麻烦，因为他在明处，你可以观察他、了解他。看不见的竞争对手才是最应防范的，因为他在暗处。

从源头上解决问题

——祝家庄以灯为号

宋江一打祝家庄，中了四面埋伏，无路可走。正在危急之际，多亏探路的石秀赶到，石秀通知大家，只看有白杨树便转变走去，不管路阔路狭。梁山军士按照石秀的指挥，见白杨树便转，走过五六里路，却见前面的人马越添得多了。宋江疑忌，便唤石秀问道："兄弟，怎么前面贼兵众广?"石秀道："他有烛灯为号。"

花荣在马上张望，果然望见一盏红灯。他用手指着灯对宋江说："哥哥，你看见那树影里这碗烛灯吗? 只看我等投东，他便把烛灯望东扯，若是我们投西，他便把那烛灯望西扯。想来便是号令。"宋江道："怎地奈何他那碗灯?"花荣道："有何难哉!"说罢弯弓搭箭，纵马向前，望着树影中只一箭，不端不正，恰好把那碗红灯射下来了。祝家庄四下埋伏的军兵不见了那盏灯，都自乱起来。宋江让石秀引路，这才杀出村口，花荣若不仔细寻找红灯并把它射下，那么梁山兵将的损失将十分惨重。花荣射灯，从信号源上解决了问题。

从源头上解决问题可以治本且最彻底。

相当多的人不注意防病，不注意养成良好的卫生习惯，不注意平日的保健。其实，健康的源头是保健、防病。我们应当把"预防"放在首位。

忽视防病，贻患无穷，这是付出代价换来的深刻教训。

人们治理污染、修补臭氧空洞，克服过大的温室效应，都是十分困难的工程，与其事后想办法恢复原状，不如不产生环境的污染，不向大气施放氟利昂以破坏臭氧层，控制二氧化碳的排放量。水土流失的影响难以弥补，最好的办法是不要滥伐森林，保持住一方水土。从污染源、水土流失源上解决问题才最有效。

人生了烦恼，当然须排除烦恼，但与其这样不如不生烦恼。所以，先哲主张“无我”，那是针对尘世人们“太有我”而说的，人们看“我”太认真，所以有种种烦恼，烦恼来于名利之累。古人说：“不复知有我，安知物为贵?”“知身不是我，烦恼更何侵?”所以，老子主张“致虚极守静笃”，“不自见，故明；不自是，故彰；不自伐，故有功，不自矜，故长。夫唯不争，故天下莫能与之争。”不生烦恼，人便可有效地享受人生。找到了生烦恼的源头，堵住它，人便快乐了。

我们的企业致力于质量改进时，首先采取的措施是设立质量检验部门，不让不合格的产品蒙混过关。许多企业都非常重视质量检验，但是，当时生产过程已经结束了，质量检验只能发现废品，不让废品鱼目混珠而流入市场，但是检验并不能消灭废品，只有在源头上消灭废品的来源，才能彻底地保证产品的质量。

传统的生产总装线在其末端设立一个很大的返修工段，把过程中存在的遗漏和缺陷修补好。日本丰田汽车公司的主管一反传统做法，他们一直奉行一个原则，任何时候、任何级别的工人看到质量问题，他不仅有权而且有责任去拉一下警笛，请有关人员解决。短时间内，如果问题没能解决，于是整个工厂将停产，各工人小组集中到出事地点，鉴别问题出在哪里，力求即时即地解决问题。丰田的理念不是最后去修理产品，他们认为只修理产品而不修理系统是荒唐的。他们认为，公司已经付出这么大的努力和时间来制造产品，然后因质量问题不得不或者重新制造，或者报废，这是巨大的浪费，不如改变整个业务流程，第一次就把事情做好，这才是从源头上解决问题。

质量检验只能发现废品，却不能消灭废品。售后服务只能弥补缺点，却不能弥补消费者精力与时间的损失。第一次就要把事情做好，才是杜绝和减少失误的有效办法。

进入21世纪，企业环境的变化可不都似“小打小闹”，而是一场前所未有的巨大变革。仅靠“兵来将挡，水来土掩”的就事论事应变已不能奏效。策略应变遇小变则可，遇大变则不可。策略应变一般指转移、撤退、侧翼迂回等。策略应变的前提是必须了解并熟悉周围的环境，这才可能知道往哪转移、往哪迂回。如果对周围情况全然不知，策略应变就是无的放矢，只能是瞎碰瞎撞。当今，知识经济冲击着工业经济，那些建立在工业经济基础上的理论、观念、策略、知识，只能应付工业经济范畴内的变化，却应付不了大变革浪潮的大变化。如今，产业结构改变，游戏规则重写，多少昔日的英雄成了败将。又有多少奇兵创出了新局。世界500强的许多公司认为，不学习新的东西，你的企业就如同“沉舟”，未来最有竞争力的企业是学习型组织，建立学习型组织才能从源头上去解决问题。只有每个人重新学习，组织才能彻底改善。

治标不如治本。《红楼梦》里的大观园，几百口人要吃要喝，今儿宝玉过日子，明儿黛玉病了，后儿贾元妃省亲，事情是不少，都是马上去办。王熙凤、贾琏、平儿、探春，一天到晚忙忙乎乎，解决的都是“标”。秦可卿则高人一等，她通过观察、分析，找出了贾府问题的源头：今朝有酒今朝醉，沉湎于眼前欢乐，迷惘于永久之图，从来都是败亲误国之象。苟安并非久安，若光图一时欢乐，以为荣华不绝，缺乏预筹之计，必败落无疑。

扶贫是一种美德，但是扶贫不能仅是帮些钱粮。物质上的帮助，可以救急但救不得贫，扶贫应在源头上用力气，即帮助他们搞脱贫项目，教他们知识和技能，让他们自力更生致富。两个人有了矛盾，吵了起来，其他人劝架是对的，但今天不吵了不一定矛盾就解决了，还应该帮助他们沟通，解除误会或解决矛盾，从源头上理顺关系。1997 年亚洲金融危机、2008 年世界性金融风暴，都给世界经济造成了很大的危害，全世界都行动起来力求解救。这次问题解决了，那么下一次又该怎么办？只有找出发生金融危机的原因，是体制问题、监管问题，还是其他什么问题，找出来，接受教训，才有可能杜绝“下一次”。

人生病了，不能只是头疼医头、脚疼医脚，总要找出病因，从源头上解决治疗。做人、做事也是这个道理。

地利是一宝

——八百里水泊梁山

水泊梁山的周围漫布着不下十余支队伍，占据着十余处山头，众多义军离开自己的山寨投奔梁山泊，主要是为了联合，人多力量大，可以共同抵御官府的进攻。那么，为什么不在其他山头聚义，而选定梁山泊呢？一是因为晁盖、宋江德高义重，吸引人才，爱惜人才，在绿林中有崇高威望；二是因为梁山有地利的条件，能攻能守，地域广阔。

林冲雪夜上梁山一回第一次描写梁山之险："梁山泊八百里水泊，中间是险山，山排巨浪，水接遥天。乱芦攒万队万枪，怪树列千层剑戟。鹅卵石迭迭如山，苦竹枪森林似雨。阻挡官军，有无限断头港陌；遮拦盗贼，是许多绝径林峦。四面高山；三关雄壮，团团围定；中间有一块镜面似的平地，三五百丈见方。"这一番描写道出了梁山作为义军根据地的诸多有利之处。

再看梁山的布兵：山前南路依次有三个关口，各由两位头领守关；东山一关，西山一关，北山一关，各由两位头领守关。六关之外，置立八寨：四旱寨、四水寨。"八百里水泊"是梁山的天然屏障，梁山好汉中的阮氏三雄、李俊、二张又是水中蛟龙，凡水路进犯的官军，无一得逞。梁山又山阔地宽，足以藏龙卧虎。若不是后来宋江等人主动出山受招安，官兵再来多少次也绝对近不得山前。

古今中外的许多战争都是争其地利，往往为了一个城镇、一座山头，双方都投入大量的兵力，你争我夺、各不相让。有地利者，一夫当关，万夫莫开。无地利者，守不住、攻不克。孙子从理论高度系统地总结了各种地形，分为“能”地、“挂”地、“支”地、“隘”地、“险”地、“远”地、“围”地、“死”地、“衢”地等。其中“通”地指战略要地，四通八达，攻守自如；“隘”地属于易守之地；“衢”地指战役战术要点，如制高点、渡口、关口、桥头堡等。水泊梁山综合了“通”、“隘”、“衢”的特点，是一个条件极好的根据地。

《三国演义》中说曹操、孙权、刘备各占一利，曹操占天时，孙权占地利，刘备占人和。其实，这仅是相对而言。并非只有孙权占地利，刘备在四川，蜀乃天府之国，十分富足；蜀道难，难于上青天，又易于防守。曹操地处中原，一马平川，四通八达，易攻易守，易退，黄河流域农业又十分发达。所以说，魏、蜀、吴均占地利，不然的话，难以三足鼎立。

兵战讲究占地利，商战也须讲究占地利，地不利，客不留。以建店的位置为例，一定要方便日常交往的人——顾客、供应商、员工。“打鱼莫去直流处。”打鱼人撒网专打水弯处，而不到直流水处。因为直流处水急，鱼停不住；弯处水静，鱼好停住吃食，鱼也就多。路边开店和打鱼是同一道理。交通大道、高速行驶的街区两旁不宜开店，因为这里不敢停下。开店以十字路口、高速车限行路，居民集中点、汽车始发站为宜。

地利不是风水，风水是将一些迷信伪装成科学，地利是良好的经营地理环境。地利，并非对所有的行业而言，某种行业的“地不利”，可能就是另一种行业的“地利”。重庆是个山城，走路上山下山，给某些行业带来不便，但是四川的农民却视其为“地利”。改革开放以来，几十万农民人重庆，肩扛一条扁担，帮过往行人负重，重庆人戏称他们为“棒棒军”。

有人抱怨自己不占地利，总认为沿海地区、交通枢纽地区才有地利，岂不闻“靠山吃山，靠水吃水”之说。只要用心挖掘，任何地方都会有地利的因素。

日本兵库县有个丹波村，由于资源匮乏，交通不便，村民们曾长期受穷。后来，他们经人指点，充分利用本地山清水秀、鸟语花香的自然条件，做到了“出售原始”的生意。结果，早已厌倦了嚣杂城市生活的现代人，对此地情有独钟，纷至沓来休闲度假。丹波村因此财源茂盛，走上了富裕之路。这说明“尺有所短，寸有所长”，地利的“优势”和“劣势”之间可以转化，在许多被认为的地不利“劣势”，往往隐藏着同样可以导致成功的地利“优势”。

地利是可以创造的。毫不出名的江南小镇，就因为是电影《芙蓉镇》的拍摄地点，便一举得名，镇上许多生意人借自己创造的地利富起来了。成功之道不仅在于运用地利的优势，更在于转化“地不利”的劣势。

创造地利不仅包括地理环境，而且也包括群体环境。群体环境的地利有三个方面的内容：

一是心理感应效应，即一部分或大部分成员的心理气氛对其他人的心理影响。这个心理气氛，制约和形成人们在工作群体中相互关系的环境，一个健康、活路、积极的群体心理气氛，既是“人和”，又是“地利”。这个“地利”，将使群体成员心情舒畅、情绪高昂、斗志旺盛、工作效率高。反之，会使人们心情压抑、情绪低沉、毫无斗志，工作上不是效率低，就是差错多。

二是群体作风的感应效应，即群体中某种良好的或恶劣的作风对其成员的影响。作风，指道德作风、工作作风和生活作风。良好的道德作风潜移默化地影响每一个成员，可以形成良好的道德情感和道德行为，它既可以使群体产生强大的道德力量，又可以使偶尔有过失的人感到内疚和惭愧。唐初贞观盛世，国家有良好的道德作风，到处是君子之风，所以社会安定，人民安居乐业，路不拾遗，夜不闭户。

三是学术感应效应，即一个对某种学术研究有素、造诣较深的群体将唤起其成员对创新、学习和研究的欲望，并在其学习和研究过程中起重要的促进作用。一个研究成风的群体，其成员必定有积极的上进心、强烈的竞争意识和创新的冲动。

含有人和的地利比纯地理条件的地利，更为珍贵。

弱弱联合便成强势

——三山聚义打青州

毛头星孔明、独火星孔亮。聚集起六七百人，占住白虎山，因为青州城里有他们的叔叔孔宾，被慕容知府捉下，监在牢里。孔明、孔亮特点起山寨小喽罗来打青州，要救叔叔孔宾，正迎着呼延灼军马，两边撞着，敌住厮杀，孔明挺枪出马，直取呼延灼。然而孔明武艺不精，被呼延灼活捉了去。慕容知府在城楼上指挥，官兵一掩，活捉了百十余人。孔亮大败，路遇二龙山上的武松。

二龙山上的头领鲁智深、杨志、武松想聚集桃花山、白虎山、二龙山的三山人马攻打青州。杨志认为，青州城池坚固，人马强壮，又有呼延灼英勇善战，三山人马的力量仍不足，若打青州，须用大队军马，方可扫得。所以，还须请梁山泊宋江下山助战。

梁山人马闻讯点下三千军马，由宋江等二十个头领率领，与三山兵马会合，众英雄齐心合力，终于取得全胜。

水泊梁山的周围漫布着十余支队伍，占据着十余处山头。朱武等头领占据少华山，李忠等人在桃花山，鲁智深等人在二龙山，孔明兄弟在白虎山，燕顺等人在清风山，吕方在对影山举义旗，欧鹏在黄门山起义，还有邹渊叔侄的登云山义军，裴宣的饮马川义军，樊瑞的芒砀山义军，鲍旭的枯树山义军。这些义军先后投奔水泊梁山，“宛子城中藏虎豹，寥儿洼内聚蛟龙。”

三山聚义打青州，众多支义军离开自己的山寨投奔梁山泊，主要是为了联合，人多力量大，可以共同抵御官府的进攻。各支义军力量都不大，弱弱联合便成了强势，所以才能两赢童贯，三败高俅。

弱弱联合成气候的例子很多。

蚂蚁是弱小的动物。非洲有一种兵团蚁，它们长相跟亚洲蚂蚁相似，一样的渺小，一样的微不足道。但是，它们群居在一起，亿万之众共进共退。所到之处，生灵涂炭，草木绝迹，连狮子、老虎这样的猛兽，碰见兵团蚁，瞬间竟成一副骨架。如此渺小的弱者联合起来，竟然无坚不摧。

清末，上海的民间秘密团体很多，但都不大，有天地会、青巾会、编钱会、百龙会、红罗党、小刀会等，鸦片战争后，这些秘密团体形成了一个统一的战斗组织，这就是小刀会。1853 年，小刀会在嘉定、上海起义，队伍迅速扩大到 17000 人。

19 世纪末，国内成立了许多反清的革命团体，孙中山在香港建立了兴中会，长沙成立了华兴会，上海成立了光复会，武昌成立了科学补习所。1905 年，孙中山从美国到了日本，他看到国内革命团体虽多，但群龙无首，力量分散，不足以对付清政府，需要把它们联合起来，组成统一的政党。孙中山的主张得到了各革命团体的赞同，于是建立了中国革命同盟会。几年后，同盟会发动了武昌起义，推翻了封建的清政权。

佛经中讲了一个着火的故事。瞎子、聋子和瘸子住在一间屋子里，一天屋子外起火了，聋子虽然看见大火，但听不到倒塌声，不知道往哪边跑才是路；瞎子眼虽看不见，但听得清楚；瘸子眼明耳聪却走不快。于是瞎子背着瘸子，聋子拉着瞎子，瘸子指路，三个人合作，顺利地跑到安全地带。

上述的例子充分说明弱弱不但可以联合，而且可以形成整体优势。弱弱联合绝对不是什么“乌合之众”。强势与弱势是相对的，这种相对性表现在两个方面：一方面强弱会随着竞争形势的变化而变化，强者能变弱，弱者也可以变强；另一方面，强与弱是就整体而言，如果从某个局部来看，强者会有其薄弱环节，弱者也会有强的一面。弱者能集中自己的实力于某一点，就会形成局部的强大。几个整体弱势将各自的局部强势组合成为一个有机整体，完全可以变成一种整体强势。

上海有一位运输专业户，拥有10辆大卡车，几年跑下来，这些车都成了破车。如果全部淘汰更换新车，又没有这个投资能力；弃之不用，又于心不忍。后来，他将10辆破车上的好部件重新组合成了几辆好车，车队规模虽小，经济效益仍很可观，这位运输专业户重组破车的思维，就是“弱弱联合”。

山东有三家弱势企业：电子器材公司、计算机应用研究所、电子通讯有限公司，三家公司都处于资不抵债、濒临破产的境地。他们感到再“单干”下去必破产无疑，于是搞起了弱弱联合，重组成了一个电子集团。有的公司原来有人才优势，有的公司原来有厂房优势，有的公司原来有市场营销优势，重组后的电子集团把各自的优势集中起来，开发出IC卡智能管理型电话，行销国内二十多个省、自治区、直辖市，市场占有率达70%，一年的销售收入达1.6亿元，利税3000万元。可见，弱弱联合能更有效地盘活存量资产、优化资本结构，使人尽其才、物尽其用。若不联合，即使想开发新产品，“单干户”也没有那么大的能力。

在市场经济的海洋中，小企业当然是弱势，人们常说船小好调头。不错，过去很长一阶段中船小确实容易调头，转产快。但是，小船一旦发现前方受阻，想调头却难找到调头的空间，因为海洋里的船太多了，即使调了头进入新行业往往仍然还是小船，过不多久还需再度调头。

小船虽然好调头，但是难抗风险，弱弱联合既保留了小船的优势，又弥补了小船的劣势。

如果你只看到瞎子和瘸子各自的缺欠，那么他们的联合就会认为是“又瞎又瘸”，换一种思维，你去看他们的长处，那么他们的弱弱联合就相互弥补了各自的缺欠。起义军进行联合，就能做许多原先他们做不到的事情，如“打青州”、“破童贯”、“赢高俅”。

多一个好朋友多一分安全，多一个坏朋友多一分危险

——奸贼陆谦屡害友

豹子头林冲交过好朋友，像鲁智深、柴进、李小二等，也交过坏朋友，像陆谦之流。

鲁智深与林冲在偶然的机会结交，鲁智深过去虽是军官，但如今只不过是相国寺看菜园的一个和尚，林冲是80万禁军教头，二人并未因地位不同而影响友谊，一经交往，即成真朋友。林冲遭了大难，鲁智深暗中保护林冲，在野猪林救了林冲。事前林冲没有求过鲁智深这么办，林冲也没有给鲁智深一文钱，鲁智深却认为自己应当去做这件事，天经地义，顺理成章。如果不是若干年后，二位英雄又在梁山相逢，如果不是有风雪山神庙偶然的机会，林冲那夜完全可能烧死在草料场，那么，按现代某些人的“无利不交友”的逻辑，鲁智深费这么大的心血，可能一辈子也得不到回报，何苦来着。但是，鲁智深此举无半点图报之间，只觉得该这么干，倘若不那么去做，倒觉得是大逆不道。鲁智深是真朋友。

陆虞侯陆谦自小与林冲相交，和林冲最好，高衙内想占有林冲娘子，手下富安设计让陆谦把林冲骗出上街吃酒，然后再由富安假说林冲一口气上不来，闷倒在楼上，赚林冲娘子到陆谦家，高衙内趁机作恶。这陆谦只要衙内欢喜，却顾不得朋友交情。陆谦依计骗了林冲，多亏林冲家使女锦

儿给林冲报信，林冲赶去陆谦家救了妻子，高衙内跳墙逃走。

高衙内因此在府中卧病，陆谦和富安又设奸计，诱林冲买了宝刀，又诱林冲带刀误入白虎堂，被高俅陷害。林冲被脊杖二十，刺配沧州牢城。

陆谦在林冲离开京城前，宴请了押解林冲的差役董超、薛霸，给每人五两金子，让二人在路上结果了林冲，以林冲脸上金印为凭回来向高太尉领赏。

野猪林上鲁智深救了林冲。高俅见林冲不死，又生一计，让陆谦、富安到沧州贿赂管营、差拨，再害林冲。矛盾终于激化，陆谦火烧了草料场，林冲忍无可忍，认识到敌人是不会放过自己的，他要复仇！在山神庙外手刃了仇人，雪夜上了梁山，林冲杀死陆谦的场面令人惊心动魄，连林冲质问他的话都像是从牙缝里挤出来的。陆谦是林冲自幼相交的朋友，却沦落为高俅的爪牙，实在该杀！读者均为杀死陆谦这个小人而直呼痛快。

从陆谦这个假朋友身上，我们得到一些交友的启示：

其一，拉你下水的人，立即绝交。

经验证明，你身边多一个好朋友你就多一分安全。林冲身边有鲁智深、柴进这样的好朋友，在患难时，好朋友为他提供安全。林冲身边也有陆谦这样的假朋友、坏朋友，过得好好的一个教头，竟危险频出，险象环生。多一个坏朋友你就多一分危险。

首先是不交坏朋友。要是不小心交上坏朋友，或者你的朋友变坏了，如果你有本事使他改邪归正，但交无妨；你若没那个本事，不如从此与他一刀两断，分道扬镳。

其二，在你“走红”时与你突然过从甚密的人，少交。

林冲是80万禁军教头，一身好武艺，受人敬重，岳父也是教头，显然地位也不低。林冲的事业蒸蒸日上，陆谦平日必然对林冲溜须拍马，交往甚密，然而陆谦却是个口蜜腹剑、笑里藏刀之人。

“穷在闹市无人知，富在深山有远亲。”当你有权有势，有地位，如日中天的时候，对你交往过密的人，须引起警惕；而与你一向交往，此时却无间过多走动的人，极可能是你的挚友。

其三，朋友之间应当有距离感。

凡事皆有度，即使是挚友，也没有必要“亲密无间”。鲁智深与林冲是好朋友，但是他们并不常在一起，也并非“无话不谈”。林冲说不定与陆谦更近一些。生活中，好多“死对头”由“好朋友”转化而来。转化的导火索就是：无话不谈，直来直去。庞涓与孙膑、李斯与韩非子，都是同师同窗，关系应当很不一般，结果庞涓、李斯把昔日好友害得好惨。

这世间确有人表面称兄道弟，背地落井下石；确有人假朋友之名，行欺骗之实；确有人穷困时急急相求，富足时却脸变心变……这些坏朋友让人心悸心寒。但是，这不能抹杀世界上确有真正的友情。

交友有交友的学问，这个学问是在阅历中增长的。交友有交友的原则，这个原则就是：不交利来时相互争夺、祸来时相互倾轧的“贼”友，也不交知面而不知心的“面”友。

参考文献

references

[1] 吴甘霖．方法总比问题多［M］．北京：机械工业出版社，2005.

[2] 刘辉．做人必须具备9种胆识［M］．北京：台海出版社，2006.

[3] 张宝明，欧人．商是论衡［M］．北京：企业管理出版社，1997.

[4] 周平．古今用人要诀［M］．南京：河海大学出版社，1993.

[5] 苏在卿．人鉴［M］．郑州：河南人民出版社，1998.

[6] 柳泽泉．名师教你读名著［M］．上海：上海译文出版社，2001.

[7] 吴一夫．商败［M］．成都：西南财经大学出版社，2001.

[8] 赵文明．公关智慧168［M］．北京：机械工业出版社，2006.

[9] 黄葵藿．中国人生哲学［M］．广州：广州旅游出版社，2003.

[10] 李文库，李睿，李盾．谋勇情幻指点人生［M］．北京：中国纺织出版社，2000.

[11] 李盾，傅明伟．哲理故事，助你作文［M］．上海：文汇出版社，2005.

[12] 李文库，傅明伟．中外名著，助你作文［M］．上海：文汇出版社，2005.